去碳化社會

從低碳到脫碳，
尋求乾淨能源打造綠色永續環境

U0111064

InfoVisual研究所／著

童小芳／譯

目　錄

去碳化社會
從低碳到脫碳，尋求乾淨能源 打造綠色永續環境

本出版物之內容未經聯合國審校，並不反映聯合國或其官員、會員國的觀點。
聯合國永續發展目標網站：
https://www.un.org/sustainabledevelopment/

人類一直以來都是藉由燃燒碳來達成自身的進化

世界各國如今正以「去碳化社會」為目標，試圖大幅轉換方向。所謂的去碳化社會，是指一個不排放二氧化碳（CO_2）的社會。

我們現在的生活是建立在使用燃燒煤炭或石油所獲得的能源上。這麼做的後果就是燃燒時排出的CO_2過度增加，致使地球暖化而引發氣候變遷。因此，為了阻止地球再

據說人類的祖先因為用火來烹煮食物而讓大腦有所成長

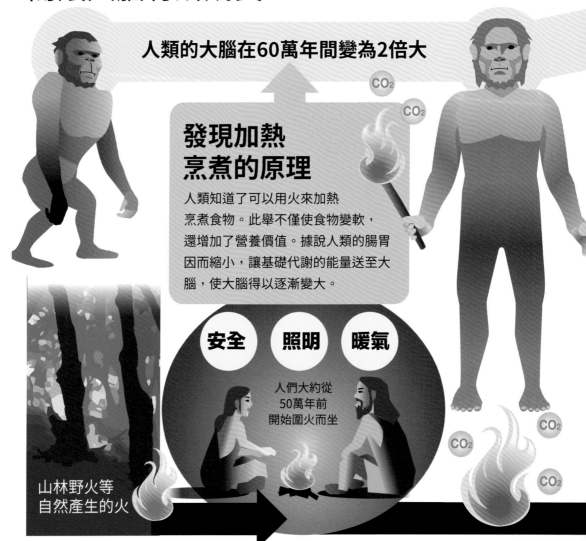

人類的大腦在60萬年間變為2倍大

發現加熱烹煮的原理

人類知道了可以用火來加熱烹煮食物。此舉不僅使食物變軟，還增加了營養價值。據說人類的腸胃因而縮小，讓基礎代謝的能量送至大腦，使大腦得以逐漸變大。

安全　照明　暖氣

人們大約從50萬年前開始圍火而坐

山林野火等自然產生的火

CO_2

進一步暖化，世界各國經協調後所做出的決斷便是去碳化。

人類透過燃燒東西來獲取能量，並藉此完成了一場卓越的進化。所謂的能量，是指用來做某些事的力量來源。生物自己體內就存有能量。人類也有很長一段時間僅憑自身的能量，也就是靠人力來生活。

然而，自從懂得用火以後，唯獨人類獲得了熱能與光能。學會透過加熱來烹煮食物，並得以有效攝取營養後，人類的大腦便愈來愈發達。

最終，人類利用火來燒製陶器並創建文明，還發展出透過高熱來加工青銅與鐵的技術。

從人力能量轉為火力能量，這就是人類最初的能源轉換。

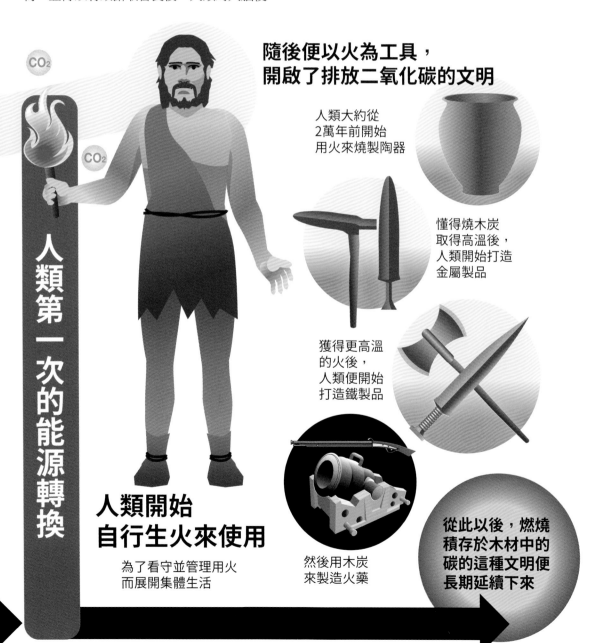

CO₂

CO₂

人類第一次的能源轉換

隨後便以火為工具，
開啟了排放二氧化碳的文明

人類大約從
2萬年前開始
用火來燒製陶器

懂得燒木炭
取得高溫後，
人類開始打造
金屬製品

獲得更高溫
的火後，
人類便開始
打造鐵製品

人類開始
自行生火來使用

為了看守並管理用火
而展開集體生活

然後用木炭
來製造火藥

從此以後，燃燒
積存於木材中的
碳的這種文明便
長期延續下來

從古文明時代到17世紀為止，人類一直伐木燒柴，將其轉換為熱能與光能來利用。

與此同時，人類還逐漸獲得人力以外的動力（移動物品的力量）。一開始是牛與馬等畜力，最後更學會了利用風力與水力。

歷經運用這些自然能源的漫長時期後，在18世紀的英國發生了第二次能源轉換。可將蒸氣的熱能轉換成動力的蒸汽機登場，並開始使用煤炭作為燃料。當時的歐洲因為森林採伐而導致樹木短缺，英國則因能開採到豐富的煤炭而成為工業革命的中心，蓬勃發展了起來。

第三次能源轉換發生在19世紀後半葉，為持續至今的電能之開端。電力被廣泛用於動力、照明與通訊等用途，而要產生電力就不能少了發電廠。

進入20世紀以後，石油成為主要的能量來源，人類進一步迎來第四次能源轉換。各種產業憑藉著燃燒大量廉價取得的石油而

人類經常燃燒碳並持續排放出CO_2，

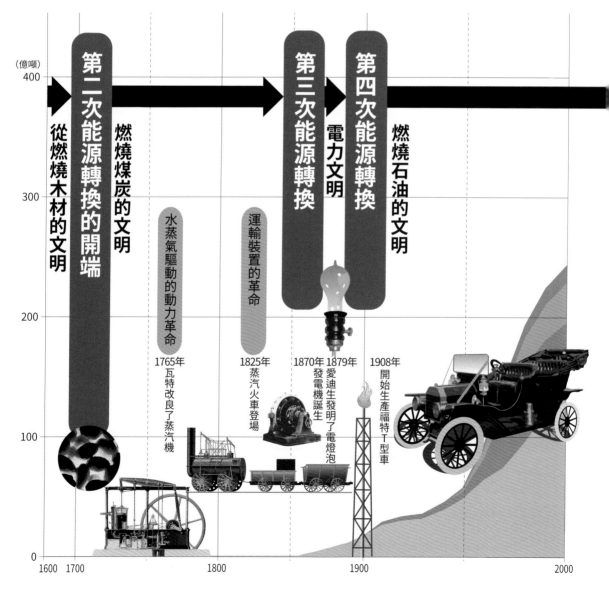

第二次能源轉換的開端

燃燒煤炭的文明

從燃燒木材的文明

第三次能源轉換

電力文明

第四次能源轉換

燃燒石油的文明

水蒸氣驅動的動力革命

1765年
瓦特改良了蒸汽機

運輸裝置的革命

1825年
蒸汽火車登場

1870年
發電機誕生

1879年
愛迪生發明了電燈泡

1908年
開始生產福特T型車

（億噸）
400

300

200

100

0

1600 1700　　　　1800　　　　1900　　　　2000

得以發展，能源的消耗持續增加。

　　其結果如下方圖表所示，可以看出來，自從人類開始大量燃燒煤炭與石油等化石燃料後，大氣中的CO_2便不斷急速增加。19世紀末，首度有人指出CO_2增加會導致地球暖化，但是人類無視這一點，仍繼續排放CO_2。

　　時至今日，世界各國終於嚴肅看待這樣的情況，並以第五次能源轉換為目標，力圖從會排放CO_2且總有一天會耗盡的化石能源，轉換成永續的可再生能源。實現去碳化社會已經是無可避免的選擇。

然而，這些排放量已達極限

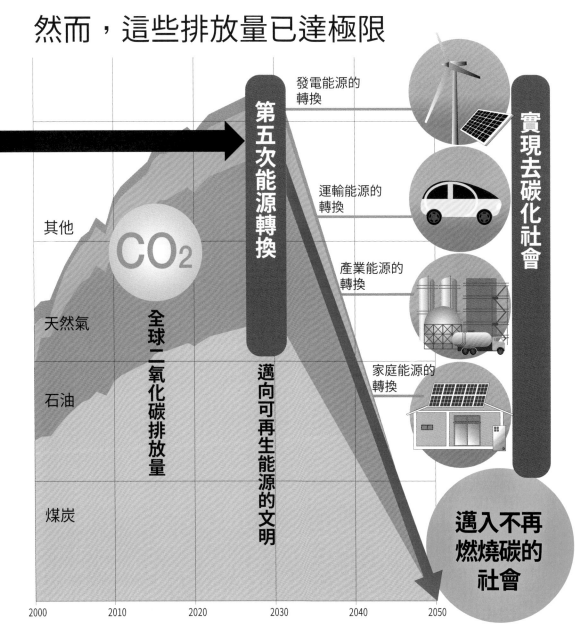

第五次能源轉換

發電能源的轉換

運輸能源的轉換

產業能源的轉換

家庭能源的轉換

實現去碳化社會

其他

天然氣

石油

煤炭

CO_2

全球二氧化碳排放量

邁向可再生能源的文明

邁入不再燃燒碳的社會

2000　2010　2020　2030　2040　2050

Part 1

為什麼要以去碳化社會為目標？①

化石能源造就了人類的產業發展

依賴煤炭與石油的生活

自18世紀後半葉開啟工業革命以來，人類便開始利用化石能源。所謂的化石能

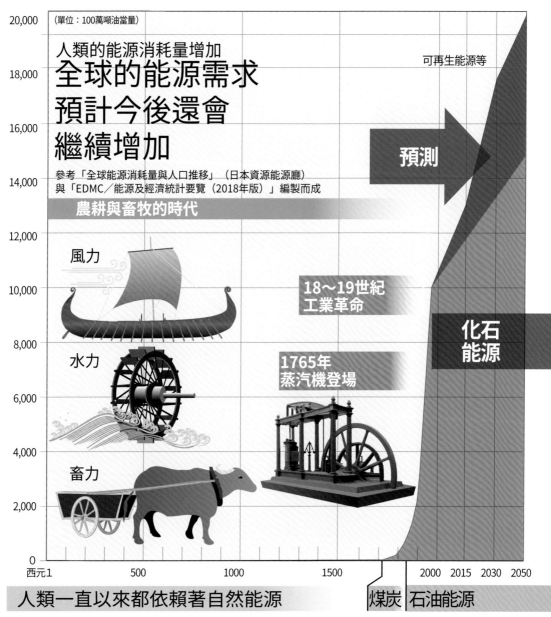

（單位：100萬噸油當量）

人類的能源消耗量增加
全球的能源需求預計今後還會繼續增加

參考「全球能源消耗量與人口推移」（日本資源能源廳）與「EDMC／能源及經濟統計要覽（2018年版）」編製而成

農耕與畜牧的時代

可再生能源等

預測

化石能源

風力

水力

18～19世紀工業革命

1765年蒸汽機登場

畜力

西元1　500　1000　1500　2000　2015　2030　2050

人類一直以來都依賴著自然能源｜煤炭｜石油能源

源，是指透過燃燒煤炭、石油、天然氣等化石燃料所獲得的能源。

化石燃料則是上古時期的動植物遺骸所形成的化石。相較於人類自古以來利用的自然能源，化石燃料有易於搬運、儲存，並且能夠提取大量能量的優點，因而可以在工廠中大量生產或大規模發電，促進了產業的現代化。

產業的發展催生出更多能源的需求，化石燃料的消耗量持續地增加。如下方圖表所示，2019年的全球能源消耗量中，化石燃料一共占了84.3%，分別是石油33.1%、煤炭27%、天然氣24.2%，用於重工業、化學工業與汽車工業等多種產業。化石能源如今已是我們生活中不可欠缺的一部分，但現在也引發了全球性規模的問題。

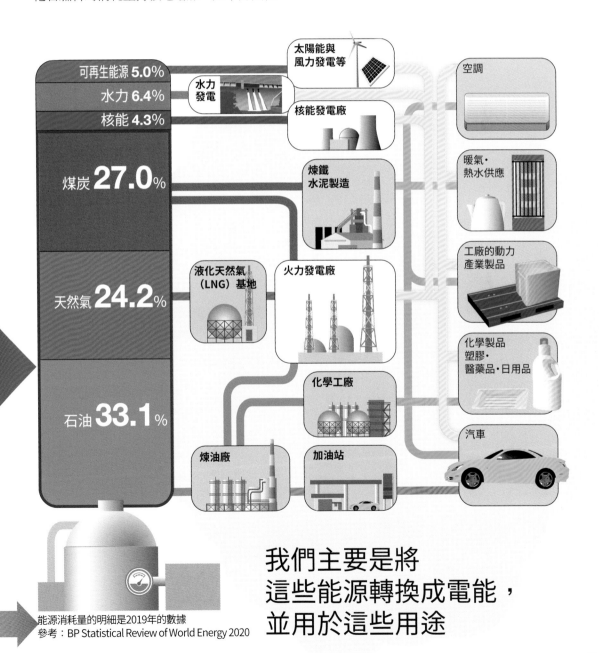

可再生能源 **5.0**%
水力 **6.4**%
核能 **4.3**%
煤炭 **27.0**%
天然氣 **24.2**%
石油 **33.1**%

太陽能與風力發電等
水力發電
核能發電廠
煉鐵水泥製造
液化天然氣（LNG）基地
火力發電廠
化學工廠
煉油廠
加油站

空調
暖氣·熱水供應
工廠的動力產業製品
化學製品塑膠·醫藥品·日用品
汽車

能源消耗量的明細是2019年的數據
參考：BP Statistical Review of World Energy 2020

我們主要是將這些能源轉換成電能，並用於這些用途

燃燒化石燃料的產業
持續擾亂地球的碳循環

超出碳循環的 CO₂

人類一直以來都是藉由燃燒東西來獲得能量。東西要燒起來，就需要可助燃的氧氣，以及用來點火的熱能。人類自從會用火後，便不斷燃燒木材、植物的油、煤炭與石油等。這些樣樣都含有碳，一經燃燒就會有

1個碳原子與2個氧原子結合，進而排放出二氧化碳（CO_2）。

碳有一項特色便是會與各種原子結合，打造出糖、澱粉與蛋白質等維持生命所需的碳化合物，而大氣中的CO_2便是這些碳化合物的起點。

首先，植物會從大氣中吸收CO_2，再透

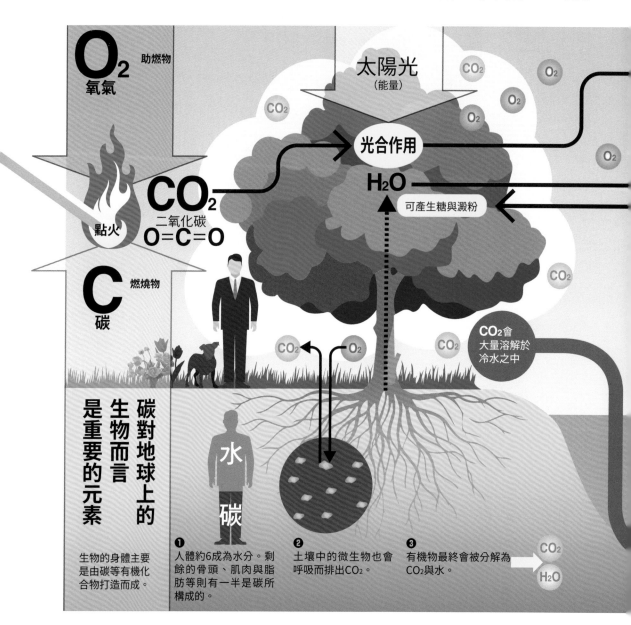

碳對地球上的生物而言是重要的元素

生物的身體主要是由碳等有機化合物打造而成。

❶ 人體約6成為水分。剩餘的骨頭、肌肉與脂肪等則有一半是碳所構成的。

❷ 土壤中的微生物也會呼吸而排出CO_2。

❸ 有機物最終會被分解為CO_2與水。

過光合作用轉化為澱粉等養分，並在這個過程中吐出氧氣；動物會吸入這些氧氣，並食用植物來攝取由碳轉換而成的養分，再經由呼吸吐出CO_2。無論是動物還是植物，壽終正寢後都會遭微生物分解，化為CO_2返回大氣之中。

　　大氣中的CO_2也會融入海中，維繫著海洋生物的生命。CO_2隨著冰冷海水沉入深海之中，封存於海底達數千年之久，最後又會逐漸從海面返回大氣之中。

　　碳便是像這樣在地球上持續循環，藉

此讓從大氣中吸收的CO_2量與釋放出的CO_2量大致維持平衡。然而，自從人類開始燃燒化石燃料以來，CO_2便急速增加而破壞了平衡。大氣中的CO_2濃度在2019年達到約410ppm，相較於工業革命前的278ppm，增加了將近1.5倍。

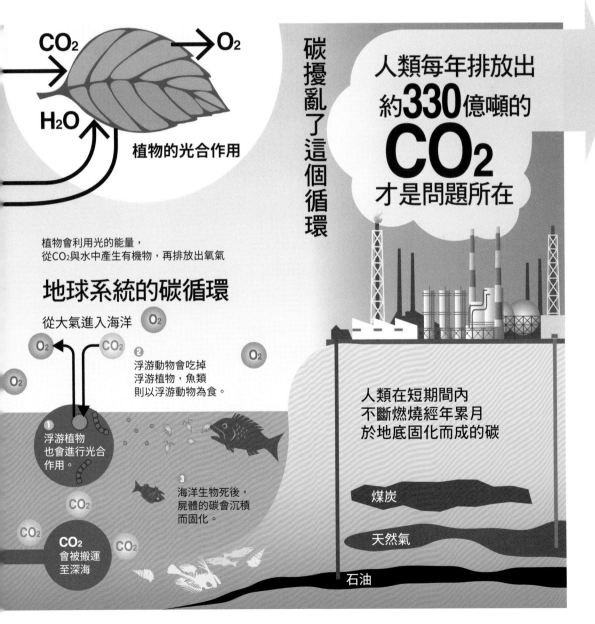

CO_2　　O_2

H_2O

植物的光合作用

碳擾亂了這個循環

人類每年排放出約**330**億噸的**CO_2**才是問題所在

植物會利用光的能量，從CO_2與水中產生有機物，再排放出氧氣

地球系統的碳循環

從大氣進入海洋　O_2

O_2　　CO_2　　　　　O_2

O_2

❷ 浮游動物會吃掉浮游植物，魚類則以浮游動物為食。

❶ 浮游植物也會進行光合作用。

❸ 海洋生物死後，屍體的碳會沉積而固化。

CO_2

CO_2　　CO_2　**CO_2**會被搬運至深海　CO_2

人類在短期間內不斷燃燒經年累月於地底固化而成的碳

煤炭

天然氣

石油

CO₂增加所造成的溫室效應如何導致地球暖化

氣溫在 100 年內上升了 0.74℃

因為大氣中的CO₂增加，隨之而來引起的便是地球暖化。

地球自46億年前誕生以來，便一直週期性地反覆暖化與寒化。過去所發生的氣溫變化是緩和的，經過5000年上升4～7℃，相當於每100年才上升0.08～0.14℃。然而，在1906～2005年的100年間卻上升了0.74℃，若要認定是自然造成的，未免過於急遽。因此，一般認為這種急遽的變化極有可能是人類的活動所引起的。

太陽光（可見光等電磁波）

太陽光

大氣會讓太陽光通過，但有些物質會反射波長較長的紅外線。

如果沒有大氣

如果有大氣

再度放射出紅外線

熱能都會離開地球

放射出紅外線

再次溫暖地表

放射出紅外線

溫暖地表

地球的地表溫度為－19℃

電磁波一接觸到

地表上的物質會震動

溫室

產生熱能

放射出紅外線

拜此所賜，地表溫度維持在平均14℃

12

溫室氣體導致地球變暖

地球的溫暖源自於太陽。來自太陽的光溫暖了地表，而變暖的地表則會放射出紅外線。如果只靠這些光，進入的熱能會經由反射回到宇宙中，地表溫度就會只有-19℃左右。然而，實際上地表的平均氣溫約為14℃。

這樣的溫差是地球大氣中所挾帶的CO_2、甲烷、氯氟烴類與水蒸氣等「溫室氣體」所造成的。氮與氧是大氣的主要成分，會讓太陽光與紅外線長驅直入，不過溫室氣體會吸收波長較長的紅外線，並再度放射回地表。因此，地球會如同溫室般適度地升溫，維持適合生物棲息的環境。

然而，由於人類的產業活動開始大量排放出CO_2等溫室氣體，提高了溫室效果，導致氣溫不斷上升。

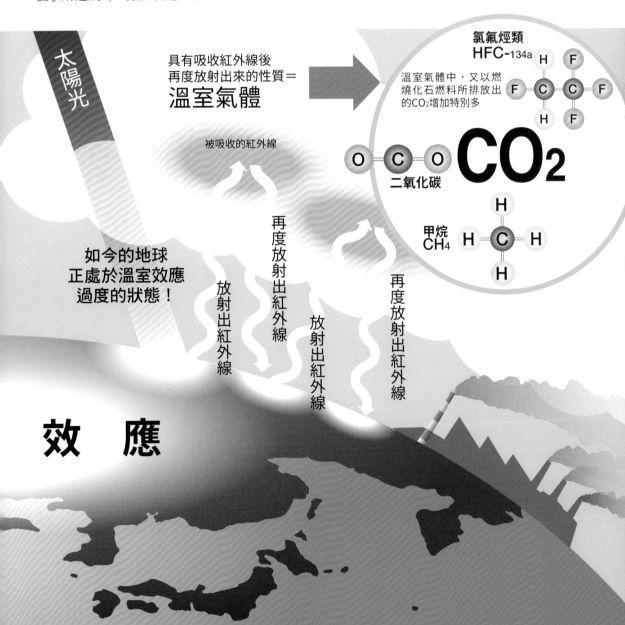

氣溫上升為起因，已經引發氣候變遷

溫暖化的多米諾骨牌效應

地球的氣溫上升引發了什麼樣的事態呢？將其簡化後便如下圖所示。氣溫上升會如多米諾骨牌般產生連鎖反應，引發各種現象。

最淺顯易懂的例子，便是北極圈或南極的冰層與高原上的冰河等地面上的冰開始融化。融化的冰會流入大海，導致海平面上升。比方說，據估算，如果北極圈的格陵蘭島冰層全部融化的話，海平面將會上升約7m之多。海平面一旦上升，小型島嶼與低地就會淹水或沒入水中，失去家園的人們便會淪為「氣候難民」而流離失所。

相較於1850年，地球的氣溫已經上升超過 0.8°C

而且一般預測今後還會上升更多

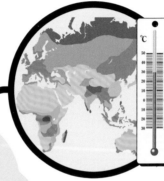

異常高溫漸成日常

氣溫上升會對所有生物造成影響，不但改變了動植物的棲息地，還會導致絕種。

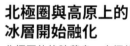

北極圈與高原上的冰層開始融化

北極圈的格陵蘭島、南極的冰層、高原上的冰河、西伯利亞的永久凍土等都已經開始融化。

地球上的風與海水的流動出現變化

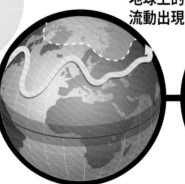

分配太陽熱能的大氣循環有所變化。

調整水溫的海水循環也出現變化。

以更切身的例子來說，日本近年來因巨大颱風與豪雨所造成的損害持續增加。其中一個原因便是暖化導致海水溫度上升，而使大氣中的水蒸氣增加了。暖化的影響遍及世界各地，幾乎每年都引發乾旱、熱浪、森林火災與洪水等災害。在1998年至2017年的20年間，這類因氣候災害所引起的經濟損失已經超過200兆日圓，威脅著全球經濟。

氣候變遷的影響甚至還波及到地球上的所有生物，擾亂了生態系統。動植物的棲息地已經開始往更高緯度的地區移動，而無法適應氣候變化的物種則瀕臨絕種的危機。

目前這些變化都是緩慢發生的，但已經敲響了警鐘：一旦地球系統的負載超出臨界點，就會發生無法逆轉的急遽變化。

乾旱蔓延
非洲與美國中西部等乾燥地區愈來愈乾燥。

水資源短缺
因為河川乾涸、地下水枯竭等而引發缺水危機。

糧食短缺
糧食產量減少，飢餓人口增加。

引發衝突
國家或地區之間為了水或糧食而發生衝突。

海平面上升
融化的冰流入大海，導致海平面上升。

陸地消失
小型島嶼與沿岸地區面臨淹水或沒入海水中的危機。

氣候難民於焉而生
因為氣候變遷而失去居所的人們漸漸淪為難民。

愈來愈多貧民窟
由於氣候難民的湧入，都市出現愈來愈多貧民窟。

異常氣象漸成常態
大氣與水循環混亂導致異常氣象頻發。

颱風與颶風日漸增強
大型颱風與颶風、豪雨與洪水肆虐各地。

水災頻仍
自然災害導致災情頻傳，還催生出氣候難民。

全球經濟衰退
因應氣候變遷的費用與自然災害所造成的損失都相當可觀。

氣溫今後還會上升多少？
這取決於人類的努力

預測未來氣候的 4 種情境

IPCC（政府間氣候變遷專門委員會）是一個跨政府組織，以科學的角度分析氣候變遷，並表示地球暖化極有可能是人類的活動所引起的。IPCC會以世界各地科學家的見解為基礎，彙整氣候變遷所造成的影響與未來預測，並定期發表一份評估報告書。這份功績備受肯定，並於2007年獲得諾貝爾和平獎。

在2013年公布的IPCC第5次評估報告書中，依循了4種情境來預測因人類所排出的CO$_2$等溫室氣體在大氣中的濃度，氣溫會因此而產生多大的變化。將其簡化後，便如

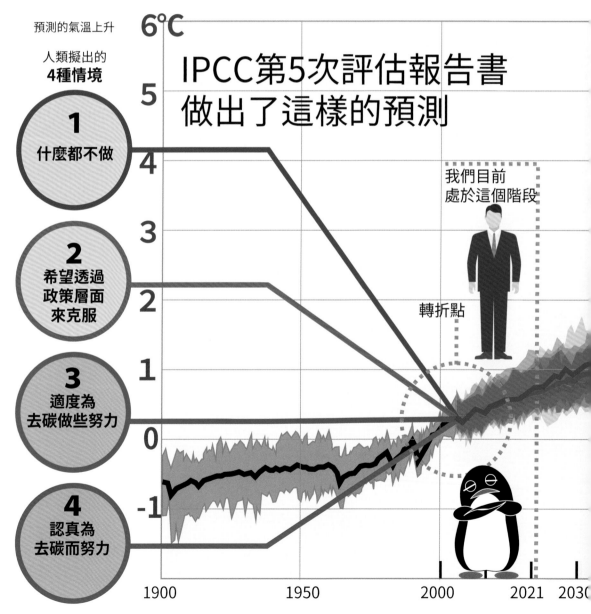

預測的氣溫上升

人類擬出的**4種情境**

1 什麼都不做

2 希望透過政策層面來克服

3 適度為去碳做些努力

4 認真為去碳而努力

IPCC第5次評估報告書做出了這樣的預測

我們目前處於這個階段

轉折點

1900　1950　2000　2021　2030

下方圖表所示。

若什麼都不做，氣溫會上升近 5°C !?

在預設繼續這樣排放溫室氣體的情境1中，得出一個很高的預測值：截至這個世紀末為止，氣溫將會上升2.6～4.8℃。另一方面，在將溫室氣體的排放量抑制到最低的情境4中，估計可將氣溫上升控制在0.3～1.7℃。換言之，地球未來的氣候取決於人類的努力。

這份圖表是假設1986年～2005年的平均氣溫為0，可看出從工業革命發生的18世紀後半葉到基準年為止，氣溫已經上升了約0.6℃。考慮到這些，如果要將今後的氣溫上升控制在最低限度，全世界都必須努力抑制CO₂的排放。下一頁就讓我們來追溯一下，世界各國為了因應氣候變遷而團結一致的過程吧！

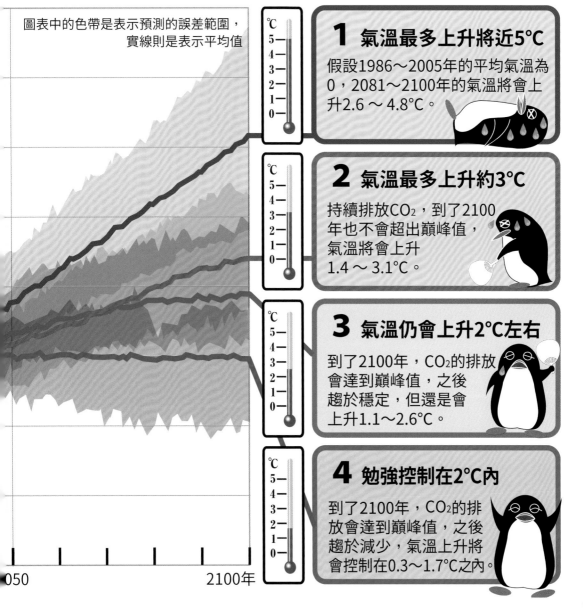

圖表中的色帶是表示預測的誤差範圍，實線則是表示平均值

1 氣溫最多上升將近5°C

假設1986～2005年的平均氣溫為0，2081～2100年的氣溫將會上升2.6 ～ 4.8°C。

2 氣溫最多上升約3°C

持續排放CO₂，到了2100年也不會超出巔峰值，氣溫將會上升1.4 ～ 3.1°C。

3 氣溫仍會上升2°C左右

到了2100年，CO₂的排放會達到巔峰值，之後趨於穩定，但還是會上升1.1～2.6°C。

4 勉強控制在2°C內

到了2100年，CO₂的排放會達到巔峰值，之後趨於減少，氣溫上升將會控制在0.3～1.7°C之內。

050　　　　　　　2100年

從敲響地球暖化的警鐘到達成《巴黎協定》的過程

在聯合國的主導下，致力於減少 CO_2

世上第一個指出 CO_2 與地球暖化之間有所關聯的，便是19世紀末的瑞典化學家阿瑞尼斯。他提出了警告，大量消耗化石燃料將會增加大氣中的 CO_2。

然而，他所提出的理論長期以來都未受到正視，一直到1980年代之後，地球暖化才列入聯合國的議題。1988年成立了IPCC，並因其發表的評估報告書而於1992年通過了以減少溫室氣體為目標的《聯合國氣候變遷綱要公約》；1997年，在日本京都召開的會議中簽署了《京都議定書》，這

早在19世紀即已敲響地球暖化的警鐘

自**1980**年代中葉起，聯合國終於開始採取行動

世界氣象組
WMO
➕
聯合國環境署
UNEP

1992年
通過《聯合國氣候變遷綱要公約》
UNFCCC

提供地球暖化的科學根據

斯萬特·阿瑞尼斯
（1859～1927年）
瑞典的化學家

如果 CO_2 增加一倍，氣溫就會上升5～6°C

然而全世界都**無視**這些警告

1988年
政府間氣候變遷專門委員會
IPCC成立

編製並發表評估報告書
1990年
第**1**次

已開發國家的工業迎來全盛時期

評估氣候變遷相關科學根據的專業機構

中國的經濟開始成長

匯集世界各地氣候相關的研究成果

阿瑞尼斯憑藉電解質的研究而於1903年獲得諾貝爾化學獎，一直以來不斷指出地球暖化的現象。

是為了制定至2020年為止減少溫室氣體的目標所擬定的綱要。然而，適用對象僅限於已開發國家，排放量大的中國與印度都被排除在外，美國對此感到不服而不願參加，加拿大也已經退出。

世界各國皆參與的《巴黎協定》

這次狀況掀起了熱烈的討論，大家不再只侷限於減少溫室氣體，而是開始把目光轉向支援已遭受氣候變遷影響的開發中國家，並主張無論排放量多寡，所有國家都應該參加。

2015年世界各國在法國巴黎召開了會議，通過《巴黎協定》並於翌年生效。協定中揭示了全球共同的目標，即將氣溫上升控制在比工業革命前高不到2℃，並盡量控制在1.5℃之內。之後因為美國的川普政府宣布要退出而一時亂了陣腳，不過2021年誕生的拜登政府則表明將重新加入。

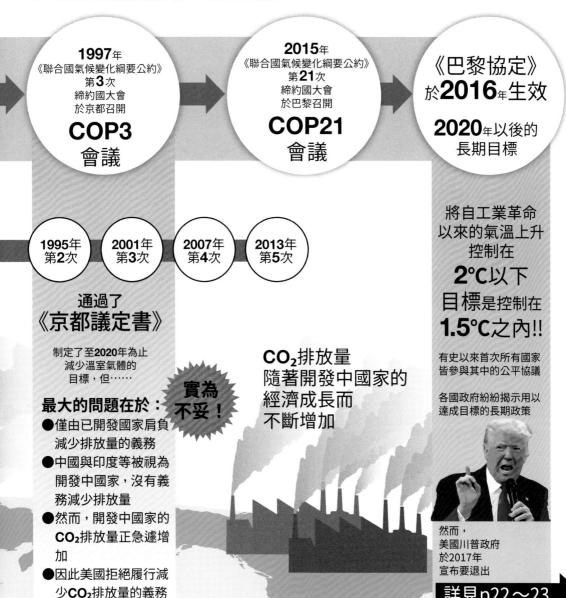

1997年
《聯合國氣候變化綱要公約》
第**3**次
締約國大會
於京都召開
COP3
會議

2015年
《聯合國氣候變化綱要公約》
第**21**次
締約國大會
於巴黎召開
COP21
會議

《巴黎協定》
於**2016**年生效
2020年以後的
長期目標

1995年
第**2**次

2001年
第**3**次

2007年
第**4**次

2013年
第**5**次

通過了
《京都議定書》
制定了至2020年為止
減少溫室氣體的
目標，但……

最大的問題在於：
● 僅由已開發國家肩負
　減少排放量的義務
● 中國與印度等被視為
　開發中國家，沒有義
　務減少排放量
● 然而，開發中國家的
　CO₂排放量正急遽增
　加
● 因此美國拒絕履行減
　少**CO₂排放量**的義務

實為
不妥！

CO₂排放量
隨著開發中國家的
經濟成長而
不斷增加

將自工業革命
以來的氣溫上升
控制在
2℃以下
目標是控制在
1.5℃之內!!

有史以來首次所有國家
皆參與其中的公平協議

各國政府紛紛揭示用以
達成目標的長期政策

然而，
美國川普政府
於2017年
宣布要退出

詳見p22～23

聯合國永續發展目標（SDGs）力求發展乾淨的能源

去碳化成為全球的共同課題

通過《巴黎協定》2個月前的2015年9月，於紐約聯合國總部召開了「永續發展高峰會」。在這個會議中，聯合國的193個會員國通過了「2030年永續發展的議程」，提出如下所示的17項「永續發展目標（SDGs）」，必須在2030年前達成。

其中與實現去碳化社會相關的便是目標7的「可負擔的乾淨能源」。所謂乾淨的能源，是指用了也不會減少，且不會排放CO_2等溫室氣體的可再生能源，比如陽光、風力與地熱等。目標7的具體指標還含括在2030年前大幅增加可再生能源的使用比

目標	
1	終結各地一切形式的貧窮。
2	終結飢餓，確保糧食穩定並改善營養狀態，同時推動永續農業。
3	確保各年齡層人人都享有健康的生活，並推動其福祉。
4	確保有教無類、公平以及高品質的教育，並提倡終身學習。
5	實現性別平等，並賦權所有的女性與女童。
6	確保人人都享有水與衛生，並做好永續管理。
7	確保人人都享有負擔得起、可靠且永續的近代能源。

聯合國在 2030 年前要達

1 消除貧窮

2 終止飢餓

3 良好健康與福祉

7 可負擔的乾淨能源

8 優質工作與經濟成長

9 工業、創新與基礎建設

13 氣候行動

14 海洋生態

15 陸域生態

目標	
8	推動兼容並蓄且永續的經濟成長，達到全面且有生產力的就業，確保全民享有優質就業機會。
9	完善堅韌的基礎設施，推動兼容並蓄且永續的產業化，同時擴大創新。

例，並提高能源效率。

去碳化之所以這麼迫切，正是因為CO_2的增加已經引發了氣候變遷。因此，目標13「氣候行動」也是必須解決的課題。此外，無論是產業還是生活都是建立在能源的使用上，所以和目標9「工業、創新與基礎建設」與目標12「負責的生產與消費」這兩個課題也有所關連。不僅如此，氣候變遷所影響的範圍甚廣，所以也有必要致力達成SDGs的其他目標。

提出SDGs與《巴黎協定》這些全球共同的方針，並揭示於2030年達成前者、2050年達成後者的目標，各國都開始為去碳化採取行動。

戊的永續發展目標 SDGs

優質教育

5 性別平等

6 潔淨飲水與衛生設施

0 減少不平等

11 永續鄉鎮

12 負責的生產與消費

6 和平、正義與健全制度

17 永續發展夥伴關係

圖片素材來源：聯合國教科文組織

目標 12 確保永續的消費與生產模式。

目標 13 採取緊急措施以因應氣候變遷及其影響。

目標 14 以永續發展為目標，保育並以永續的形式來利用海洋與海洋資源。

目標 15 推動陸上生態系統的保護、恢復與永續利用，確保森林的永續管理與沙漠化的因應之策，防止土地劣化並加以復原，並阻止生物多樣性消失。

目標 10 導正國家內部與國家之間的不平等。

目標 11 打造包容、安全、堅韌且永續的都市與鄉村。

目標 16 以永續發展為目標，推動和平且包容的社會，為所有人提供司法管道，並建立一套適用所有階級、有效、負責且兼容並蓄的制度。

目標 17 以永續發展為目標，加強執行手段，並促進全球夥伴關係。

爲了實現1.5℃的目標，世界各國提出了哪些目標與課題？

在 2050 年前實現淨零

目前全世界都以在2050年前達到溫室氣體排放量「淨零」為目標，為的是將氣溫上升控制在比工業革命前高不到1.5℃。所謂的「淨零」，意指讓CO_2等的排放量與吸收量互相抵銷，又稱為「淨零排放（Net Zero）」、「碳中和（Carbon Neutral）」。具體來說，便是透過植樹造林等來增加森林的吸收量，或是回收已排放的CO_2等，藉此彌補無法完全削減的排放量，使其相抵為零。

歐盟各國皆表明正在為盡早達成此目標而努力，但令人擔憂的卻是CO_2排放量較

CO_2 排放量前8名

CO_2排放量 （占全球整體的 28.8%）

9,825.80

2019年的BP統計 單位100萬噸（以下同）

中國 的排放量將於2030年超出巔峰值，其面臨的課題是

占電力60%的燃煤發電必須轉型

在2060年前達成
淨零

我們志在實現去碳社會！

習近平

因政權交接而重返
《巴黎協定》的 **美國**

川普政府退出了《巴黎協定》，但實際上國內仍持續推行去碳化。

川普

4,964.69

（占全球整體的 14.5%）

在2030年前減少至2005年的
50~52%
在2050年前達成
淨零

拜登

印度 仍有2億人無電可用，必須確保能源並減少CO_2兩者兼顧

致力於節能與再生能源的強化，藉此解決「同時力圖確保電力與去碳化」的難題。

2,480.35

（7.3%）

在2030年前減少至2005年度GDP比重的
33~35%

1中國	**2**美國	**3**印度
28.8%	14.5%	7.3%

大的幾個國家的對策。

美中兩大排放國改變了方向

下圖列出了2019年CO_2排放量前幾名的國家所提出的減排目標與課題。

中國是全球最大的碳排放國，一直以來都以經濟發展為優先，對減碳較為消極，不過2020年9月時突然表明將於2060年前實現淨零的目標。一般認為中國是企圖擺脫燃煤發電並投入可再生能源。

排放量位居第二的美國也於2021年1月完成政權交接後，改變了對氣候變遷持懷疑態度的川普前政府的路線。拜登新政府表明將重新加入《巴黎協定》，並揭示將在2050年前達成淨零的目標。

兩大碳排放國皆已展示具體的目標，全世界終於統一了步調，不過因為國情不同，每個國家都各有不同的課題要面對。下一頁就讓我們逐一細究日本的減排目標與課題吧。

的國家的努力目標為何!?

以**俄羅斯**的目標來看，是要增加CO_2？

俄羅斯的CO_2排放量在蘇聯解體後有所減少，現在已經降為1990年的50%。換言之，之後再增加20%也無妨!?

1,532.56
（4.5%）

在2030年前減少至1990年的**30**%

日本具體來說要做些什麼？

詳見
p24～25

1,123.12
（3.3%）

在2030年前減少至2013年的**46**%

在2050年前達成
淨零

德國為可再生能源的資優生

階段性廢止燃煤發電，轉換成氫氣、生物質等可再生能源，並推動CO_2的資源化等。

683.77
（2.0%）

在2050年前減少至1990年的**80～95**%

電力可再生能源化**83**%

需要資金與技術援助的**伊朗**

表明如果只靠國內的努力，減排目標為4%，若有他國的技術與資金挹注，則再加8%。

670.71
（1.9%）

在2030年前減少**12**%

韓國也發出淨零宣言

表明將培育再生能源、氫氣與能源IT這3大新產業等。

638.61
（1.8%）

在2050年前達成
淨零

| **4**俄羅斯 | **5**日本 | **6**德國 | **7**伊朗 | **8**韓國 |

4.5% | 3.3% | 2.0% | 1.9% | 1.8% 　　　其餘國家全部合計為**35.9**%

爲了在2050年前實現淨零排放，日本必須執行的事項

電力與產業的去碳化是當務之急

組成新內閣的菅義偉首相於2020年10月26日的施政報告演講中表示，將在2050年前達成CO_2等溫室氣體的淨零。日本也終於改變方針，朝去碳化社會邁進。

然而，日本的溫室氣體排放量約為12億噸。如左下圖表所看到的，近幾年有一點一滴地減少，但是在之後的30年內，是否能夠讓這些淨零呢？

在全球排放的溫室氣體當中，CO_2所占的比例約為76%，而日本更高，占比超過90%是一大特徵。究其細節，有40.1%來自發電廠，25%來自工廠等。如果不大幅減少

> 我們將在**2050**年前達成**CO_2排放量**淨零。
>
> 菅首相

2020年10月26日的施政報告演講
對去碳化較為消極的安倍內閣總辭後，於2020年9月16日成立菅政權。其頭一件事便是發表日本將以2050年為目標的去碳化宣言

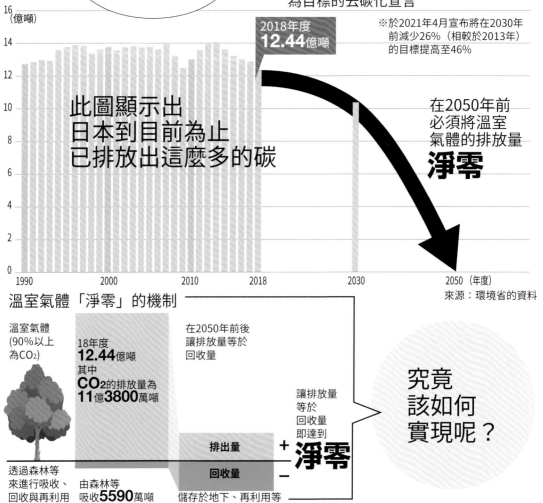

16（億噸）

2018年度
12.44億噸

※於2021年4月宣布將在2030年前減少26%（相較於2013年）的目標提高至46%

此圖顯示出
日本到目前為止
已排放出這麼多的碳

在2050年前
必須將溫室
氣體的排放量
淨零

1990　2000　2010　2018　2030　2050（年度）

來源：環境省的資料

溫室氣體「淨零」的機制

溫室氣體（90%以上為CO_2）

18年度
12.44億噸
其中
CO_2的排放量為11億3800萬噸

在2050年前後讓排放量等於回收量

讓排放量等於回收量即達到

排出量
＋
淨零
回收量
－

究竟
該如何
實現呢？

透過森林等來進行吸收、回收與再利用

由森林等吸收**5590**萬噸

儲存於地下、再利用等

這些電力能源部門與產業部門的排放量，應該很難達成淨零的目標。

在 2050 年前將再生能源提高至 60%？

最主要的難題在於電力部門。根據經濟產業省資源能源廳的數據，2018年度的日本電源構成為火力77%、再生能源17%，核能則是6%。再生能源的導入已經落後於歐洲各國。目前已經提出的方案是，在2050年前將再生能源的比例提升至50～60%，其中10%是透過氫氣與氨氣來發電，作為新的電力來源，其他30～40%則以核能及循環利用碳的火力來供電。

令人擔憂的是，目前有把核能定位為不會排碳的乾淨能源並加以推動的趨勢。全世界都在邁向非核家園，日本有必要將核能與去碳化分開來探討。

日本家庭的低碳度放眼世界也稱得上是資優生，最大的問題點在於能源產業的低碳化

OECD（經濟合作暨發展組織））平均為5

電力的低碳度

英國 6.9
法國 8.1
美國 0.0
德國 3.7
日本 3.6

電力以外能源的低碳度

運輸部門的效率

8 6 4 2

產業部門的效率

家庭部門的效率

國家名稱下方的數字為「人 排得分」，10代表效率最佳，平均為5。
主要國家2016年CO₂排放要因之分析與比較
資料取自資源能源廳的網站

最大的問題在於，電力能源部門與產業能源的低碳化水準大幅落後

日本各產業別的CO₂排放量比例也是這樣的狀態（直接排放量）

其他 12.5%
家庭內 4.6%
運輸·汽車 17.8%
來自發電廠 40.1%
來自各種產業 25%

來自發電廠的CO₂該如何處理？

各產業（主要是煉鐵廠）所排出的CO₂該如何處理？

汽車排放的廢氣該如何處理？

各產業所排出的熱能該如何處理？

詳見 Part3

Part 2

人類能源轉換的發展史 ①

人類透過火的運用而獲得熱能與光能

人類對火抱持著各種想法

我們需要更多的火與更多的光

人類在遇到火後才得以進化

　　人類最初獲得的能源便是由火帶來的熱能與光能。用火的痕跡不容易留存下來，因此火的使用大約始於何時尚無定論。有一說認為，最早用火的是約50萬年前的北京猿人，但也有理論指出，其歷史可追溯至約79萬年前。

　　無論是哪一種說法，一般都認為最初是將野火、火山爆發或雷擊等自然的火轉移到樹枝等來使用，後來才找出以摩擦樹木或火石互擊等方式來自行生火的方法。

　　火的運用大大改變了人類的生活。由於具備了取暖的能力，人類開始得以居住在寒冷的地區。而夜裡只要一直點著火，即可保護自己免受野獸侵襲，故人類也開始睡在地面而非樹上。約2萬年前的拉斯科洞窟中的壁畫顯示出，人類當時已經會借助火光照亮暗處來繪圖。

對火的恐懼與敬畏

淨化萬物之火

照亮黑暗的智慧之光

對控火科學技術的探究

人類大約在50萬年前就學會了生火的技術

人類從79萬年前就已經會生火了!?

在此之前，人們都認為最早用火的是50萬年前的北京猿人，但最近在79萬年前以色列北部的遺跡中，發現有燒過的打火石。人類的進化是否就是始於這道火光呢？

在大約2萬年前法國的拉斯科洞窟中，人類就已經會照亮洞窟的內部來進行繪畫

畫作多達600幅，描繪了馬、山羊、野牛與鹿等獵物，還有人類身姿與不可思議的幾何學圖紋。

人類第一次能源轉換

▶ 凱爾特神話中的火之女神布麗姬

古印度的火神阿耆尼

◀ 夏威夷神話中的女神佩蕾

希臘神話中的普羅米修斯，據說為人類帶來了火

照明之火

溫暖之火

熱能之火

人類似乎在大約2萬年前就開始燒製陶器

從中國江西省的洞窟中發現了研判是世上最古老的陶器。一般推測是用於烹飪，應該在冰河時期的生存上發揮了重大的作用。

西元前3000年左右，人類開始燒製磚塊

美索不達米亞在西元前8000年左右，將土捏塑成四角形，打造出經日曬凝固而成的泥磚，之後又開始大量生產以火燒製固定的燒磚，用以建造巨大的建築物。

將火作為能源來運用

其中最大的變化便是人類開始用火來烹煮食物。硬的食物加熱後就會變軟，人體便可以更有效率地攝取營養。因此，人類的消化器官變小，讓更多能量送至腦部，使大腦變得更為發達。人類具備複雜的思考能力後，出於對火的恐懼與敬畏之心而開始將火視為神祇來供奉，甚至衍生出了宗教。

同樣也是因為運用火來烹調，而於約2萬年前孕育出陶器文明。人類利用高溫的火來燒烤黏土，使其凝固而得以打造出有形物體，進而陸續創造出各種工具。

但凡人力無法辦到的事，就利用火的能量來進行——這便是人類的第一次能源轉換。

人類持續燃燒動植物的油與木材以確保源源不絕的火

照明的燃料從植物油改成鯨油

火所具備的光能為人類帶來了光明。人類大約從1萬年前展開農耕，就此定居下來，並發展出文明。在古埃及，人們都是使用從橄欖與芝麻等植物中萃取的油來點燈。約3000年前還打造出油燈作為裝油的容器。在中世紀的穆斯林世界，為了照亮清真寺（禮拜堂）的內部而以添加了裝飾的油燈來裝點，油燈從單純的照明搖身一變成了藝術品。

另一方面，歐洲從16世紀前後開始把鯨油用於照明，後來還傳入剛建國不久的美國。歐美各國濫捕鯨魚的情況一直持續到

照明之火 ➤ 為了照明所用的油從植物油改為動物油

從埃及時代開始以素燒油碟作為油燈

希臘化時代的赤陶油燈

羅馬時代的油燈

埃及人相信死者會復活，為了保存木乃伊而熟知香油的知識。各種油被用於醫藥品、化妝品、軟膏與潔面用品，也會用於照明。

高價的芝麻油

一般的橄欖油

杏仁油

亞麻籽油

菜籽油

穆斯林的清真寺油燈出現後，油燈成為藝術品

伊斯蘭教禁止描繪上帝的身姿，於是孕育出用以詮釋神的象徵性藝術。照亮清真寺內部的清真寺油燈即為其中一種代表例。

熱能之火 ➤ 古代文明將木材利用殆盡

黎巴嫩雪松在西元前消失於地中海

黎巴嫩雪松讓腓尼基成為地中海貿易的霸主

腓尼基人是因為擁有黎巴嫩雪松才得以跨足地中海貿易，他們利用黎巴嫩雪松來打造優秀的貿易船隻，還用來建造神殿。這導致地中海地區的黎巴嫩雪松幾乎種絕。

從青銅進入鐵器時代為了煉鐵而開始使用大量木炭

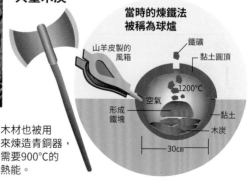

木材也被用來煉造青銅器，需要900℃的熱能。

當時的煉鐵法被稱為球爐

鐵礦

山羊皮製的風箱

黏土圓頂

1200℃

空氣

形成鐵塊

黏土

木炭

30cm

19世紀石油出現為止。

鐵的文明導致木材短缺

為了運用火而蒙受損失的資源不僅限於鯨魚。人類自古以來都是使用木材作為燃料或建材，但是讓木材需求急遽增加的，卻是煉鐵。人類發現，使用以木材蒸烤而成的木炭便可獲得足以熔化金屬的高溫，於是從陶器邁向青銅器乃至鐵器的文明。

西元前15世紀左右，在西臺帝國蓬勃發展的煉鐵技術從古希臘傳至羅馬，隨後遍及歐洲各地。在引進了煉鐵技術的地區，開始為了獲得木炭而大量伐木，歐洲的森林轉眼間便不斷縮小。正是當時嚴重的木材短缺促使了下一次的能源轉換。

鯨油猶如現代的石油般為人類所用

為了獲取這種油，19世紀光是美國每年就有1萬隻鯨魚慘遭殺害。

描繪出鯨魚對當時的生活有所助益。鯨魚可用作照明用的油、黑色西洋傘的骨架、肥料與藥品等。然而，占大部分的鯨肉卻被棄置不用。

因此，直到16世紀為止，歐洲的森林已被破壞殆盡

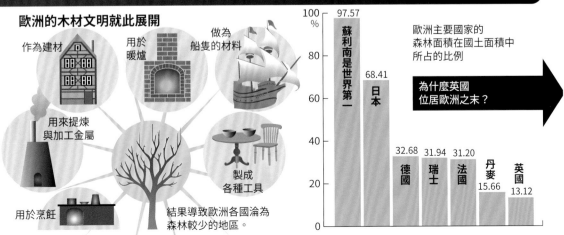

歐洲的木材文明就此展開

作為建材

用於暖爐

做為船隻的材料

用來提煉與加工金屬

用於烹飪

製成各種工具

結果導致歐洲各國淪為森林較少的地區。

歐洲主要國家的森林面積在國土面積中所占的比例

為什麼英國位居歐洲之末？

國家	比例(%)
蘇利南是世界第一	97.57
日本	68.41
德國	32.68
瑞士	31.94
法國	31.20
丹麥	15.66
英國	13.12

英國工業革命的前夜，因煤炭而解救了木材短缺的窘境

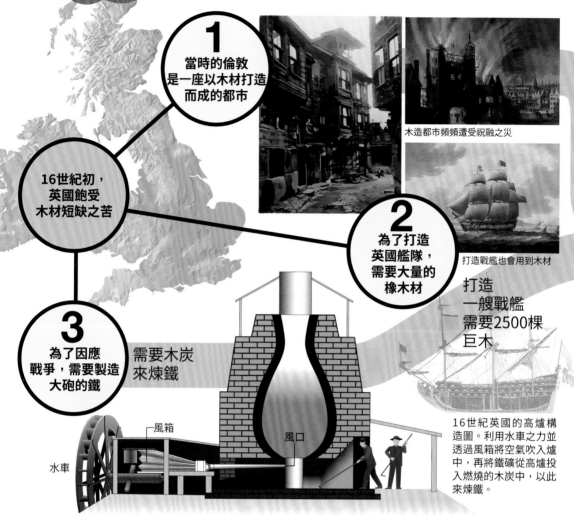

1 當時的倫敦是一座以木材打造而成的都市

木造都市頻頻遭受祝融之災

16世紀初，英國飽受木材短缺之苦

2 為了打造英國艦隊，需要大量的橡木材

打造戰艦也會用到木材

打造一艘戰艦需要2500棵巨木

3 為了因應戰爭，需要製造大砲的鐵

需要木炭來煉鐵

風箱

水車

風口

16世紀英國的高爐構造圖。利用水車之力並透過風箱將空氣吹入爐中，再將鐵礦從高爐投入燃燒的木炭中，以此來煉鐵。

木材枯竭，進入煤炭的時代

從燒木取火的漫長時代，邁向燃燒煤炭的時代。人類迎來第二次能源轉換，舞台就在正值工業革命前夕的英國。

說到英國首都倫敦，就會聯想到石造與磚造建築林立的光景。然而，在被1666年那場倫敦大火燒毀殆盡之前，這座城市到處都是櫛比鱗次的木造房屋。倫敦曾有一條條投入大量木材打造而成的木屋街道。

從森林中砍伐出來的木材不僅會用於建築，還被用於戰爭。打造1艘戰艦需要用到2500棵巨木，製造大砲則需要大量煉鐵用的木炭。曾經豐饒的英國森林因為砍伐而陸續消失，結果不得不從北歐進口木材。此時煤炭開始被視為木材的替代能源而備受矚目。

煤礦開發所尋求的新動力

煤炭是數千萬年甚至是數億年前的植物堆積於地底，經過漫長時間轉化為化石所形成的。自古以來便以「可燃石」而為人所

倫敦的天空布滿煤煙，
故而啟用了掃煙囪少年

倫敦有許多掃煙囪少年。電影《歡樂滿人間》的主題曲<Chim Chim Cher-ee>便是歌詠這些掃煙囪工人

木材短缺　為了擺脫這樣的危機　**不如使用煤炭吧！**

然而，當時英國的煤礦也身陷困境

當時的煤礦經常受到地下水侵擾，也是由成群少年以人力在狹窄坑道中搬運煤礦。這些坑道後來因為淹水而成了廢坑。

以此保留下煤礦，大量的煤炭
在倫敦的暖爐中燃燒

紐科門發明的蒸汽抽水機拯救了這些煤礦。

工業革命由此展開

知，卻是在16世紀中葉的英國才首次被廣泛使用。英國受惠於豐富的煤炭資源，因此一開始是用作家庭的暖氣或工廠的燃料，到了17世紀才開始用來煉鐵。

　　然而，煤炭的需求急速增加，接連開發出煤礦後，又浮現了新的問題。其一，挖掘煤礦時會有大量地下水湧入的危險，因此需要抽水的動力。另一個問題是，當時還很依賴人力與馬力，需要能將大量煤炭從礦場運至煉鐵廠的手段。

　　一次解決了上述這兩個問題的，便是

蒸汽機這個全新的動力發明，工業革命就此展開。

蒸汽機與煉鐵技術的革新
促進了工業革命與能源轉換

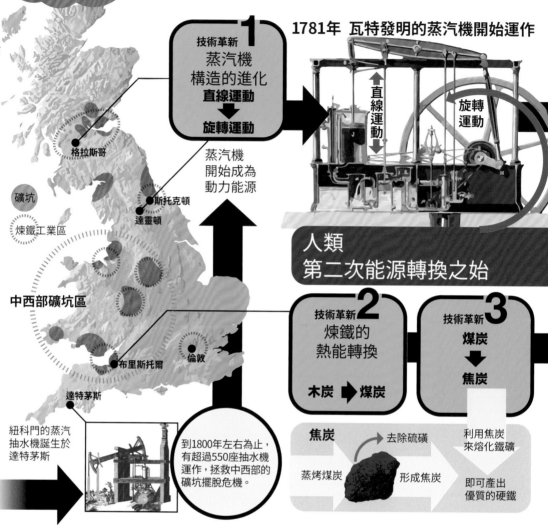

1781年 瓦特發明的蒸汽機開始運作

技術革新 1
蒸汽機
構造的進化
直線運動
↓
旋轉運動

直線運動　旋轉運動

蒸汽機
開始成為
動力能源

格拉斯哥

礦坑

煉鐵工業區

斯托克頓
達靈頓

中西部礦坑區

布里斯托爾　倫敦

達特茅斯

紐科門的蒸汽
抽水機誕生於
達特茅斯

到1800年左右為止，
有超過550座抽水機
運作，拯救中西部的
礦坑擺脫危機。

人類
第二次能源轉換之始

技術革新 2
煉鐵的
熱能轉換

木炭 ➡ 煤炭

技術革新 3
煤炭
↓
焦炭

焦炭　　　去除硫磺　　利用焦炭
　　　　　　　　　　　來熔化鐵礦

蒸烤煤炭　　形成焦炭　　即可產出
　　　　　　　　　　　　優質的硬鐵

煤炭促進了蒸汽機的發展

英國工程師紐科門所發明的蒸汽機解決了令人傷腦筋的煤礦排水問題。所謂的蒸汽機，是一種利用加熱水所產生的蒸氣來獲得動力的裝置。紐科門的蒸汽機在礦坑抽水上有所貢獻，但缺點是熱效率不佳。對此加以改良的，是英國的機械工程師瓦特。

瓦特於1765年發明了新型蒸汽機，利用蒸氣之力讓活塞進行上下運動。又進一步於1781年成功利用齒輪將活塞的往返運動轉換成旋轉運動。這使蒸汽機不僅可用於抽水，還成為驅動工廠機械的動力，促進了工業化。

蒸汽機還解決了礦坑的另一個問題，那便是煤炭的搬運。英國工程師史蒂文森於1814年開發了用於礦坑的蒸汽火車。進而於1825年開通了世界第一條公共鐵路，成功運送煤炭與乘客奔馳了15km。到了1840年代，鐵路網已經遍及英國全境。

技術革新 4
蒸汽機
↓
蒸汽火車

1825年
史蒂文森的
蒸汽機從達靈頓
運送煤炭至斯托克頓

從這時起的短短20年內，
鐵路網遍及了英國全境。

格拉斯哥
卡萊爾
泰恩河畔新堡
斯托克頓
達靈頓
里茲
利物浦
曼徹斯特
雪菲爾
伯明罕
布里斯托爾
倫敦

已經可以從礦坑大量運送煤礦到煉鐵工業區。

所有產業的熱能與動能都由煤炭所產生的蒸氣來供應

英國的工業革命可謂煤炭能源的時代

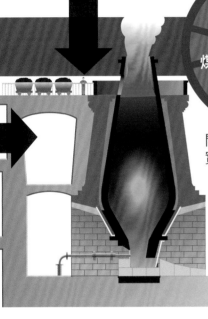

開始以高爐來煉鐵，
實現鐵的大量生產

如果沒有工廠機械動力的自動化，帶動英國工業革命的紡織業是難以立足的。24小時運作的機器與人類過度勞動的問題就是從這裡開始。

從煉鐵技術的躍進到工業革命

　　與蒸汽機同時急速發展起來的還有煉鐵技術。以煤炭取代木炭作為煉鐵用的燃料後，結果引發了新的問題。煤炭中含有硫磺等雜質，會導致鐵變質，人們因而想出另一個方法，將煤炭蒸烤成焦炭來使用。不僅如此，還以蒸汽機取代水車來作為高爐的動力，實現了鐵的大量生產。

　　如此一來，18世紀後半葉到19世紀，在獲得蒸汽機與煉鐵技術的英國發生了工業革命。

　　蒸汽機必須獲得蒸氣，煉鐵則必須熔化鐵礦，為此，必須要燃燒大量的煤炭。人類便是從這個時候開始燃燒從地底挖出的碳，並持續排放出CO_2。

自從人類得知電的存在後，耗費2400年才成功發電

這種琥珀吸物的力量即為磁力

西元前600年左右，希臘哲學家泰利斯發現了電的存在

用毛皮摩擦琥珀就會吸住羽毛或灰塵。希臘語以elektron一字來表達這種引發靜電的琥珀，後來成為英語「electricity（電）」的語源。

希臘語的
ēlektron
演變成英語的
electricity

到了17世紀，歐洲展開了電的研究

彼得‧凡‧穆森布羅克
(1692-1761年)
荷蘭的科學家

1746年發明了萊頓瓶

穆森布羅克發明了儲存靜電的裝置：萊頓瓶。他在玻璃瓶的內外側都貼了錫箔，再插入一根連著鎖鏈的黃銅棒，讓鎖鏈接觸內側的錫。讓銅棒末端接觸帶靜電之物，便可將那些靜電儲存於瓶內。

電池很有可能是製造於西元前250年左右的巴格達

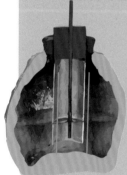

有些研究人員認為，電池有可能是在陶器中設置筒狀的銅，並在其內側裝鐵棒與電解液打造而成的。至於此物實際用於何處則尚無定論。

1780年伏特發明了史上第一個電池

亞歷山德羅‧伏特(1745-1827年)
義大利的物理學家

伏特證明了兩種不同的金屬與鹼性溶液之間會產生電流。伏特製造的電池是以圓盤狀的鋅、銅與食鹽水浸濕的紙疊合而成。

1820年發現了電磁

漢斯‧克里斯蒂安‧奧斯特
(1777-1851年) 丹麥的物理學家

奧斯特在打造一個實驗裝置時留意到，每當電流通過磁羅盤上方的電線，磁羅盤的指針就會移動，他由此發現電流會形成磁場。

無電流通過
指針指著南北方

一有電流通過
指針就會往電流所形成的磁場移動

自古以來就為人所知的電

蒸汽火車以前是靠燃燒煤炭來行駛，如今已經被靠電力奔馳的電車所取代。人類是從什麼時候開始知道電的呢？

西元前600年左右，古希臘哲學家泰利斯留意到，琥珀經過摩擦就會吸住灰塵等，進而發現靜電的存在。在古希臘語中，琥珀被稱為「elektron」，這個字後來便成為電（electricity）的語源。

目前已在伊拉克的巴格達近郊發現了「巴格達電池」，據判是西元前250年左右的產物。一般認為是將插有鐵棒的銅筒裝進素燒陶罐裡，再浸泡醋來發電，但是否真的是作為電池來使用則不得而知。

陸續出現與電相關的發現

對電的正式研究始於18世紀的歐洲，並陸續出現劃時代的發明。

1746年，荷蘭科學家穆森布羅克發明了可利用玻璃瓶與水來儲存靜電的「萊頓瓶」；1752年，美國科學家富蘭克林則成

1752年富蘭克林
證明了雷是一種電的現象

普遍用於現今建築物中的避雷針便是富蘭克林發明的。
有將雷聚集於避雷針並導入地面而不對建築物造成影響的效果。

班傑明・富蘭克林(1706-1790年)
美國的政治家兼科學家

富蘭克林在打雷的日子放風箏，成功將靜電收集在連接於風箏線末端的萊頓瓶中。倫敦皇家學會依此成就授予富蘭克林最具權威的獎項。

進入人類第三次能源轉換

法拉第的發現使電磁學的研究有飛躍性的進展

麥可・法拉第登場

法拉第認為，在磁鐵互相吸引的空間裡，存在某種可以傳送磁力的物質，並將該力量作用的空間視為一種物理空間，稱之為磁場。

如果電會生磁，那麼磁應該也會生電才對

麥可・法拉第
(1791-1867年)
英國的物理學家兼化學家

我們現在的生活大多奠基於法拉第在這個時期的種種物理學成就。發電裝置、電動馬達、電信通訊、電波通訊等現代的電子技術皆始於此。

讓磁鐵旋轉　可動金屬線也會旋轉

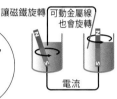

電流

1 法拉第發明的電磁旋轉裝置

證明只要利用電流所產生的磁場與磁鐵的磁場排斥力，即可從電力能源中獲得機械動能。

磁鐵
N　S
電流

2 法拉第的電磁感應定律

讓磁鐵接近或遠離線圈，就會有電流流過線圈，此現象即稱為電磁感應。他察覺到電與磁之間的關係，並從這種機制中發現透過產生磁力來發電的原理。

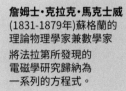

3 打造出簡易的發電裝置

他在電池是唯一取電之法的時代，發明了一種讓金屬圓盤在磁鐵間旋轉來發電的裝置。

此發現引領人們展開電與磁的研究

詹姆士・克拉克・馬克士威
(1831-1879年)蘇格蘭的理論物理學家兼數學家
將法拉第所發現的電磁學研究歸納為一系列的方程式。

馬克士威將法拉第的發現轉為物理方程式

他把法拉第構思的電場與磁場歸納為方程式，同時還證實了光是一種電磁波。

功透過放風箏將雷的電力儲存於萊頓瓶中；義大利物理學家伏特更進一步發現，只要讓銅與鋅浸在食鹽水中就會產生電，於1780年發明了「伏特電池」。

進入1820年代後，丹麥的物理學家奧斯特發現電流流經時會產生磁力，由此得知，之前被認為是各別作用的電與磁之間是有關連的，電磁學的研究自此突飛猛進。

如果電力流經會產生磁力，那麼應該也能從磁力中產生電力才對——英國物理學家法拉第如此想道。他成功從磁力中產生了電力，此舉開啟了以電力作為能源來使用的全新時代。

發電與電動力的結合開啟了電能時代

約瑟夫・斯萬
（1828-1914年）
英國的發明家，發明了世上第一個電燈泡。

湯瑪斯・愛迪生
（1847-1931年）
美國的科學家、發明家兼企業家
在生涯中取得了1093項專利，並將各種發明商業化。

將電用於照明的技術

1878年　電燈泡誕生
他發明了一種將碳化纖維燈絲密封在真空玻璃球中的方法。

1882年
開設愛迪生電燈公司
愛迪生並非電燈泡的發明者，但是他不僅改良了斯萬的電燈泡，還打造了一套用以照明整條街的系統，並成立一家公司來加以運用，成功開展了電氣事業。

大量供電的發電技術

1869年　格拉姆發電機誕生

格拉姆發明了讓圓形線圈在磁鐵之間旋轉來發電的方式。這種發電機既小型又可連續發電，且電流平均，因而普及全世界。

將電力化為動力的技術

齊納布・格拉姆
（1826-1901）
比利時的電力工程師

1873年　發現發電機可以成為電動機

在一次公開的發電機實驗中，有名助手將2台發電機的輸出線接在一起，結果當1台發電機啟動後，相接的另一台就會旋轉。格拉姆從這次的偶然中創造出電動機。

格拉姆發明了環形電樞發電機並將其發展成電動馬達，以電力來提供動力，成為邁向第二次工業革命的轉折點

當電流流過接點而出現磁場，便會產生磁力而往順時針方向旋轉起來。

從中間斷開
接點即可切斷電流，但仍會順勢繼續旋轉而從接點處通電，便會如此反覆而持續旋轉。

將旋轉力化為電力，再將電力轉為動力

法拉第弄清楚發電的原理後，時代的滾輪便一鼓作氣轉動了起來。

打造出第一台實用型發電機的，是一名比利時的電力工程師格拉姆。1873年，格拉姆在奧地利維也納舉辦的世界博覽會上展示了發電機，因助手犯了接線錯誤而引發一場意外——當一台發電機開始轉動，另一台發電機也跟著轉動起來。

格拉姆由此察覺，發電機也可以應用於發動機（馬達）。粗略地說，發電是把旋轉能量轉換成電力能源，那麼只要逆向操作，將電力能源轉換成旋轉能量，便可作為動力來使用。

透過發電與電動力的結合，開拓了各種可能性，電能的時代就此揭幕。這便是人類第三次能源轉換。

愛迪生的發明

留聲機與活動電影放映機（Kinetoscope）

愛迪生創造了視聽裝置的基礎，這對我們現代生活是不可或缺的。

1906年

首次無線電廣播

范信達

（1866-1932年）
加拿大的發明家

在愛迪生的研究室擔任助理並大展身手，成功完成利用無線電進行語音通訊的實驗，並於之後實現了正式的無線電廣播。

自己做無線電廣播的范信達

1925年

電視播放

英國的貝爾德以一台實用型電視成功完成公開播放的實驗。

如今這種火力發電所排放的CO_2成了一大問題

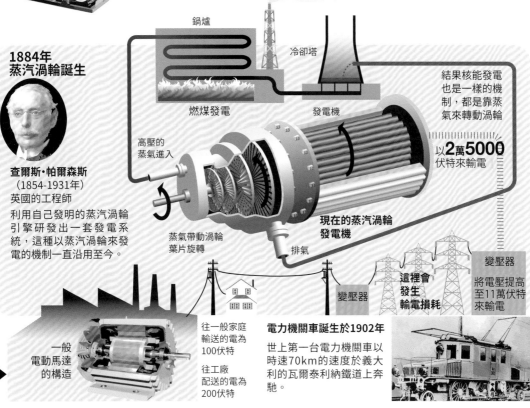

鍋爐

冷卻塔

燃煤發電

發電機

1884年 蒸汽渦輪誕生

查爾斯·帕爾森斯

（1854-1931年）
英國的工程師

利用自己發明的蒸汽渦輪引擎研發出一套發電系統，這種以蒸汽渦輪來發電的機制一直沿用至今。

高壓的蒸氣進入

蒸氣帶動渦輪葉片旋轉

結果核能發電也是一樣的機制，都是靠蒸氣來轉動渦輪

現在的蒸汽渦輪發電機

以2萬5000伏特來輸電

排氣

變壓器

這裡會發生輸電損耗

變壓器

將電壓提高至11萬伏特來輸電

一般電動馬達的構造

往一般家庭輸送的電為100伏特

往工廠配送的電為200伏特

電力機關車誕生於1902年

世上第一台電力機關車以時速70km的速度於義大利的瓦爾泰利納鐵道上奔馳。

讓電力實用化的愛迪生

如上所述，19世紀後半葉至20世紀初，接連出現與電力相關的發明。其中對電力實用化有所貢獻的，便是美國的發明家愛迪生。

英國發明家斯萬於1878年發明了電燈泡，愛迪生又進一步反覆改良，於1879年發明了可持續點亮40小時以上的電燈泡。他於1882年創辦了愛迪生電燈公司，並在紐約與倫敦打造了世界最初的中央火力發電廠，為家庭與企業輸送電力。

1884年，英國工程師帕爾森斯發明了發電用的蒸汽渦輪機。燃燒煤炭來加熱水以產生蒸氣，再藉蒸氣之力來轉動渦輪（旋轉式的原動機），以此產生電力。這樣的機制至今未改，且不僅限於燃煤發電，核能發電只是能量來源不同，實際上也是藉由蒸氣來轉動渦輪。

石油這個全新的能源
在短短100年內席捲各產業

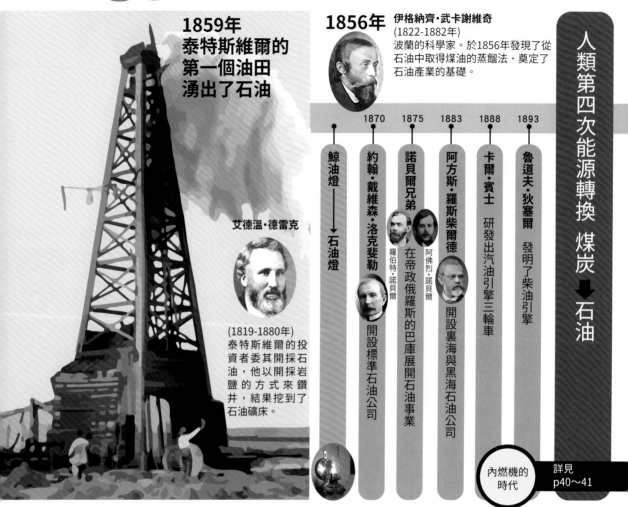

**1859年
泰特斯維爾的
第一個油田
湧出了石油**

艾德溫·德雷克

(1819-1880年)
泰特斯維爾的投資者委其開採石油，他以開採岩鹽的方式來鑽井，結果挖到了石油礦床。

1856年

伊格納齊·武卡謝維奇
(1822-1882年)
波蘭的科學家。於1856年發現了從石油中取得煤油的蒸餾法，奠定了石油產業的基礎。

| 1870 | 1875 | 1883 | 1888 | 1893 |

鯨油燈 ── 石油燈

約翰·戴維森·洛克斐勒
開設標準石油公司

諾貝爾兄弟
羅伯特·諾貝爾
阿佛烈·諾貝爾
在帝政俄羅斯的巴庫展開石油事業

阿方斯·羅斯柴爾德
開設裏海與黑海石油公司

卡爾·賓士
研發出汽油引擎三輪車

魯道夫·狄塞爾
發明了柴油引擎

人類第四次能源轉換 煤炭 ➡ 石油

內燃機的時代

詳見
p40～41

始於美國的油田開發

1859年，在美國賓夕法尼亞州的泰特斯維爾開採到沉眠於地底的石油。開採成功的德雷克就此以「世上第一個開採到石油的男人」之姿名留青史。

一般認為，石油是數億年前的浮游生物等的遺骸沉積於地底所形成的。石油的存在自古以來就為人所知，直到19世紀後半葉才取代鯨油，作為點燈的燃料來使用。德雷克成功運用機械開採出大規模的油田，致

使石油燈變得普及，提高了石油的需求。

著眼於此的實業家洛克斐勒於1870年創辦了標準石油公司，於美國各地開採石油。與此同時，俄羅斯的巴庫地區也開採出石油，後來創設了諾貝爾獎的瑞典諾貝爾兄弟及法國財閥羅斯柴爾德家族都加入石油事業，開始為歐洲帶來了石油。

從煤炭進入石油的時代

石油最初主要是用於石油燈，到了19世紀末，以石油為燃料的內燃機（p40～

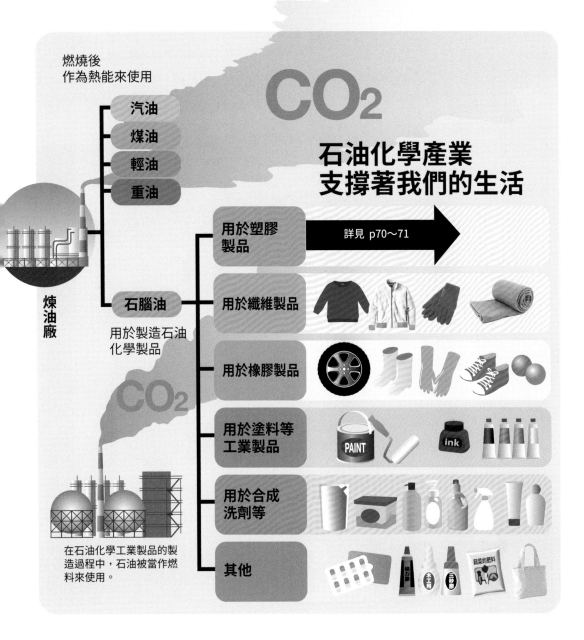

燃燒後
作為熱能來使用

CO₂

汽油
煤油
輕油
重油

石油化學產業
支撐著我們的生活

煉油廠

用於塑膠製品

詳見 p70～71

石腦油

用於製造石油
化學製品

用於纖維製品

用於橡膠製品

用於塗料等
工業製品

PAINT　ink

CO₂

用於合成
洗劑等

在石油化學工業製品的製
造過程中，石油被當作燃
料來使用。

其他

41）、汽油引擎與柴油引擎登場後，石油也開始作為動力來使用。在第一次世界大戰（1914～1918年）中，出現了以石油作為燃料的戰車、戰鬥機與軍艦等，使石油的需求急速增加。

　　從煤炭到石油，人類迎來了第四次能源轉換。到了第二次世界大戰（1939～1945年）後，石油相關產業已經發展成世界的基礎產業。

　　如上圖所示，提煉石油即可獲得汽油、煤油與石腦油等石油製品，石腦油又可以製造出塑膠乃至於各種化學製品。石油如今已成為生活中不可或缺的一部分，和煤炭一樣都是化石燃料，因為大量消耗而排放出大量的CO₂。

內燃機出現後，依賴石油的汽車社會來臨

1877年尼古拉斯‧奧托取得了內燃機的專利

尼古拉斯‧奧托(1832-1891年)
德國的工程師。發明了「內燃機」，讓活塞在密閉空間中作動，使其燃燒燃料。此系統被稱為四行程循環。

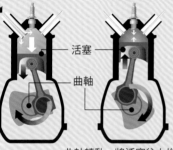

1 吸氣
空氣與燃料被吸入汽缸中

2 壓縮
空氣與燃料被壓縮

3 燃燒
用火星塞點燃燃料

4 排氣
燃燒氣體被排出

活塞

曲軸

曲軸轉動，將活塞往上推　　　曲軸轉動，活塞被往下推

1908年 開始生產福特T型車
在此之前，汽車的生產方式都是靠專業師傅手工製作，福特透過零件另外生產與裝配的流水線來製造，確立了現代的量產方式。

亨利‧福特
(1863-1947年)
美國的工程師兼企業家，福特汽車公司的創辦人。

使用這種內燃機的汽車即為近代產業中最典型的外部成本。

照理說，本應該由生產汽車、販售汽油與使用汽車而受益的人們來承擔這方面所耗費的成本

1 從挖掘石油到提煉汽油的過程都會汙染環境

2 為了生產汽車而消耗資源，污染了環境

3 為了汽車而修建道路

引擎誕生，進入汽車社會

在19世紀末實用化的「內燃機」成了石油時代負責點火的要角。所謂的內燃機，是一種在內部燃燒燃料並將該熱能轉換為直接動力的裝置。相對於此，在外部燃燒燃料並以其他形式將熱能轉換成動力的裝置則稱為「外燃機」。煤炭時代的蒸汽機是使用外燃機。實際推動活塞的是蒸氣，但要獲得蒸氣就必須在外部燃燒煤炭，所以缺點是熱效率太差，90%的熱能都會浪費掉。

人們開發出內燃機來取代蒸汽機，結果促進了當時正處於起步階段的汽車的發展。德國工程師奧托研發了以汽油為燃料的內燃機——四行程循環，並於1877年取得專利。這便是如今仍在使用的汽車引擎的原型。德國工程師狄塞爾於1893年研發出柴油引擎，是以比汽油更便宜的輕油作為燃料。這後來被運用在柴油機車或卡車等。

1893年 魯道夫·狄塞爾開發了第二台內燃機，即柴油引擎

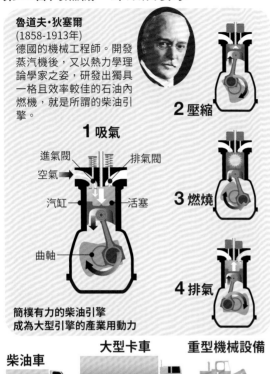

魯道夫·狄塞爾
(1858-1913年)
德國的機械工程師。開發蒸汽機後，又以熱力學理論學家之姿，研發出獨具一格且效率較佳的石油內燃機，就是所謂的柴油引擎。

1 吸氣
- 進氣閥
- 排氣閥
- 空氣
- 汽缸
- 活塞
- 曲軸

2 壓縮

3 燃燒

4 排氣

簡樸有力的柴油引擎成為大型引擎的產業用動力

柴油車　　大型卡車　　重型機械設備

1918年 美國的奇異公司開始生產燃氣渦輪發動機

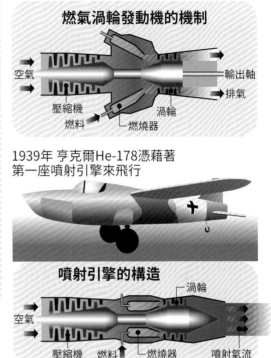

燃氣渦輪發動機的機制
- 空氣
- 輸出軸
- 排氣
- 壓縮機
- 渦輪
- 燃料
- 燃燒器

1939年 亨克爾He-178憑藉著第一座噴射引擎來飛行

噴射引擎的構造
- 渦輪
- 空氣
- 壓縮機
- 燃料
- 燃燒器
- 噴射氣流

這方面也隨著地球暖化而到達了極限

詳見 p74-75

4 修建能讓汽車高速行駛的道路建設高速公路整頓交通系統

5 對廢氣所造成的空氣汙染採取防治措施

6 因為交通事故造成人身與經濟上的損失

面臨極限的化石燃料時代

1908年，大眾汽車福特T型車於美國發售後，一口氣帶動了汽車的普及化。此外，航空專用引擎的開發，讓軍用機、運輸機乃至客機都可以在空中飛行。愈來愈多人開車或搭飛機，作為燃料的石油需求也隨之增加。於是到了迎來石油時代的20世紀後半葉，CO_2的排放量也開始急遽增加。

人類一直以來不斷尋求高效率的能源來改善生活。然而，燃燒化石燃料並依賴從中產生的電力與工業製品，這樣的生活型態已招致地球暖化這類「外部成本」（p74～75）。人類目前迫切需要第五次能源轉換，從會排出CO_2的能源轉為乾淨的能源。

邁向去碳化的對策 ①

爲了實現去碳化社會，全世界應該執行的事項

從化石燃料邁向下一代的能源

我們該怎麼做才能在2050年之前讓CO_2排放量淨零，以實現去碳化社會呢？下

全球往後必須減少多少二氧化碳呢？

全球目前所排放的二氧化碳

約**335**億**1325**萬噸
（2018年）

資料：GLOBAL NOTE　來源：IEA

日本必須減少其中的

11億**3800**萬噸
（2018年）

資料：日本地球暖化預防活動推廣中心
來源：溫室氣體盤查中心（GIO）

能源產業
主要來自發電
40.1%
約4億5620萬噸

來自各個產業
25%
約2億8480萬噸

來自運輸與汽車
17.8%
約2億270萬噸

來自家庭
4.6%
約5220萬噸

其他
12.5%
約1億4200萬噸

這些二氧化碳是排放自何處呢？

圖便以日本為例來展示這條路程。

根據國際能源署（IEA）的數據顯示，2018年的全球CO_2排放量約為335億噸。其中日本的排放量約為11億3,800萬噸。依部門來看，以發電為主的能源部門居冠，還有煉鐵、水泥、化學工業等產業部門，以及卡車、汽車與飛機等運輸部門，甚至是我們的家庭，都持續排放大量的CO_2。若要在未來約30年內減少這些排放量，勢必得減少各部門在化石燃料上的使用，並轉換為不會排碳的能源。

太陽能、風力、水力、地熱與潮汐等從自然環境中獲取的可再生能源，將會成為下一代能源的主力。此外，取自氫氣的氫能也備受期待。讓我們從p46逐一探究這些能源的相關細節吧。

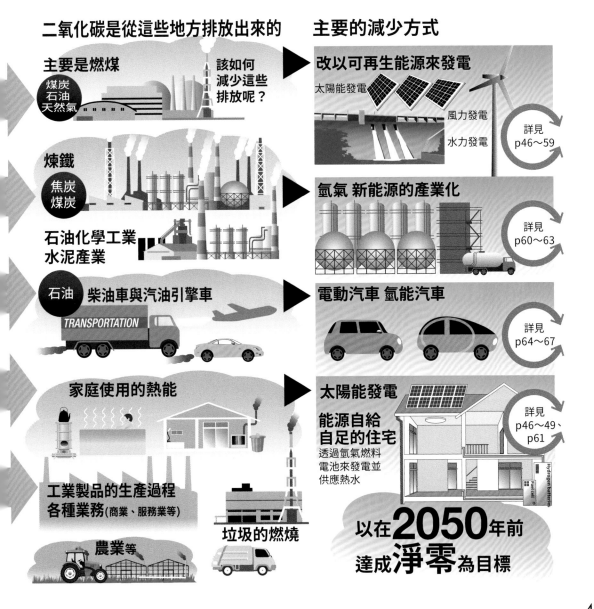

二氧化碳是從這些地方排放出來的

主要是燃煤
煤炭 石油 天然氣
該如何減少這些排放呢？

煉鐵
焦炭 煤炭

石油化學工業 水泥產業

石油 柴油車與汽油引擎車
TRANSPORTATION

家庭使用的熱能

工業製品的生產過程
各種業務（商業、服務業等）

農業等

垃圾的燃燒

主要的減少方式

改以可再生能源來發電
太陽能發電
風力發電
水力發電
詳見 p46～59

氫氣 新能源的產業化
詳見 p60～63

電動汽車 氫能汽車
詳見 p64～67

太陽能發電
能源自給自足的住宅
透過氫氣燃料電池來發電並供應熱水
詳見 p46～49、p61

以在**2050**年前達成**淨零**為目標

全球的電力仍有6成以上是產自化石燃料

全球的電力皆仰賴火力發電

電力在我們現在的生活中已經是不可或缺的存在。發電方式包括火力、水力、核能與太陽能等，其中的火力發電是燃燒化石燃料（煤炭、石油、天然氣），成為了產生CO_2的主要來源。

這就是為什麼全世界都希望擺脫火力發電，然而，目前整體電力的36.4%是來自煤炭、23.3%來自天然氣、3.1%來自石油，合計超過6成是仰賴利用化石燃料的火力發電，要改變這樣的狀況並不容易。

北歐

其他0.5% — 煤炭0.5%
風力2% — 石油1.5%
水力95.5%

挪威已經實現接近100%的可再生能源社會（如上圖）。其主力為水力發電，且已立法規定於2050年前實現淨零。芬蘭則宣布將於2030年達成淨零。

6 德國 CO_2排放量為683.77

其他9.5%
風力16%
太陽能6% — 水力4%
核能11.5% — 天然氣13.5%
石油1% — 煤炭38.5%

雖然是先進的工業國家，近40年來卻持續減少CO_2的排放量，提出在2050年前達成淨零排放。其特色在於增加了風力發電。

圖例：
- 煤炭
- 石油
- 天然氣
- 核能
- 水力
- 太陽能
- 風力
- 其他

（省略第9名／印尼與第12名／南非）

EU

EU一直以來都依賴俄羅斯的天然氣，但自從烏克蘭危機以來，便已將政策轉向開發獨立的能源。

7 伊朗 CO_2排放量為670.71

水力5% — 煤炭0.5%
核能2.5% — 石油8.5%
天然氣83.5%

為世界第8大石油生產國，透過出口石油來支撐經濟。超過90%的發電是依賴化石燃料。預計今後經濟會繼續發展而能源消耗量還會增加。

4 俄羅斯 CO_2排放量為1,532.56

水力17% — 石油1%
核能19%
煤炭16%
天然氣47%

經濟結構依賴於豐富的天然氣資源與核能發電。對歐洲出口天然氣為其經濟的支柱。

16 英國 CO_2排放量為387.09

煤炭7%
石油0.5%
其他10.5%
風力14.5%
太陽能3% — 水力3%
天然氣40.5%
核能21%

宣布將於2050年前達成淨零，且表明會於2030年前減少68%的排放量。尤其是海上風力發電備受期待。

10 沙烏地阿拉伯 CO_2排放量為579.92

太陽能0.5%
石油36%
天然氣63.5%

為世界第二大產油國，經濟仰賴化石燃料。發電也幾乎100%都是靠石油與天然氣。目前試圖透過儲存已排放的廢氣來克服這個課題。

1 中國 CO_2排放量為9,825.80

風力4%
太陽能2% — 其他1%
水力18%
核能4% — 天然氣3%
煤炭68%

一國的排放量相當於美國與印度的總和。此國的煤炭依存經濟是否能轉型，將決定世界的趨勢。

3 印度 CO_2排放量為2,480.35

風力3% — 其他3%
太陽能2%
水力9%
核能3%
天然氣4.5%
石油1.5%
煤炭74%

人口超過13億人，僅次於中國，預計今後能源消耗量還會增加。能源需求有80%是仰賴化石燃料，需要強而有力的政治領導力才能轉換其結構。

15 澳洲 CO_2排出量428.25

風力5% — 其他1.5%
太陽能3%
水力6.5%
天然氣19.5%
石油2%
煤炭62.5%

擁有豐富的煤炭資源，因此超過80%的發電是依賴煤炭與天然氣。也不熱衷於導入可再生能源。

＊各國的CO_2排放量是根據BP的調查（2019年）。
單位：百萬噸。國名左方數字為排放量的排名。

44

各國都迫切需要能源轉換

以下的圓餅圖顯示出CO$_2$排放量較多的國家的電源構成。歐洲以北歐各國為首，正在推動可再生能源的導入。此外，在水資源豐沛的加拿大與巴西則以水力發電為主力。

然而，這些推動再生能源的國家只是少數，大多數國家仍依賴著化石燃料。尤其是自己國家有產化石燃料的中國、美國、印度、俄羅斯、中東各國與澳洲等，皆面臨一大課題：該如何改變由化石燃料所支撐的經濟結構？其中全球人口數一數二的中國與印度，預計今後隨著經濟上的成長，能源需求也會持續增加，因此盡早實現能源轉換較為理想。

另一方面，沒有天然資源而依賴進口燃料的日本與韓國等亞洲各國，則迫切需要開發獨立的能量來源。

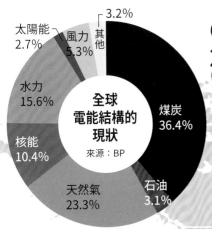

全球電能結構的現狀
來源：BP

- 其他 3.2%
- 太陽能 2.7%
- 風力 5.3%
- 水力 15.6%
- 核能 10.4%
- 天然氣 23.3%
- 煤炭 36.4%
- 石油 3.1%

CO$_2$排放量前幾名的國家在 2050年前必須達成這些能源轉換
（出處）IEA "Key World Energy Statistics 2019"

11 加拿大 CO$_2$排放量為 556.19
由於國土遼闊且為寒冷地區，人均能源消耗量為全球前幾名。其中大半都是靠水力發電來供應。

- 其他1%
- 風力4.5%
- 太陽能0.5%
- 煤炭9%
- 石油1%
- 天然氣9%
- 核能15.5%
- 水力59.5%

2 美國 CO$_2$排放量為4,964.69
對暖化持懷疑態度的政權輪替後，今後推動可再生能源的政策備受期待。在此之前，各州與各企業皆已實施獨有的暖化對策。然而，許多地區仍依賴於豐富的煤炭與石油資源，所以包含雇用在內的政策也是不可或缺的。

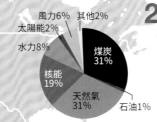

- 風力6%
- 其他2%
- 太陽能2%
- 水力8%
- 煤炭31%
- 核能19%
- 天然氣31%
- 石油1%

5 日本 CO$_2$排放量為1,123.12
宣布將於2050年前實現淨零。至今都傾向於燃煤發電的電力結構該如何轉型？作為國策的氫能社會的實現狀況為何？兩者皆受到質疑。

- 風力1%
- 其他2%
- 太陽能5.5%
- 水力8%
- 核能3%
- 煤炭33%
- 天然氣37%
- 石油6.5%

13 墨西哥 CO$_2$排放量為454.97
目前正在推動全面性的政策，比如重新審視超過80%的電力依賴於化石燃料的結構、導入碳稅、採購可再生能源成為一種義務等。

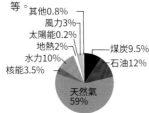

- 其他0.8%
- 風力3%
- 太陽能0.2%
- 地熱2%
- 水力10%
- 核能3.5%
- 煤炭9.5%
- 石油12%
- 天然氣59%

8 韓國 CO$_2$排放量為638.61
據說首都首爾是全世界最大的碳排放都市。發電約7成是來自化石燃料。

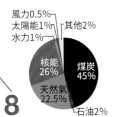

- 風力0.5%
- 太陽能1%
- 水力1%
- 其他2%
- 核能26%
- 煤炭45%
- 天然氣22.5%
- 石油2%

14 巴西 CO$_2$排放量為441.30
由亞馬遜的豐沛水資源所支撐的水力發電超過60%，再加上生物質發電，可再生能源就占了70%。

- 其他9%
- 風力7%
- 太陽能0.1%
- 煤炭4%
- 石油3%
- 天然氣11%
- 核能3%
- 水力62.9%

邁向去碳化的對策③

最具優勢的可再生能源「太陽能發電」的基礎知識

最隨手可得的自然能源

有別於化石燃料，可再生能源不僅用之不竭，發電時也不會產生CO_2。最具代表性的便是太陽能。太陽所帶來的光能與熱能也是人類自古以來受惠最多的自然能源。地球所接收的太陽能每秒高達42兆$kcal$，如果全都有效地加以利用，甚至1個小時就足以供應全球整年的能源消耗量。

利用這些陽光來產生電力，即為太陽能發電。

太陽往宇宙放射出的能源每秒達

9兆kcal×10^{10}
千卡

太陽光

地球
所接收的能量
每秒為

42兆kcal

將這些能量
轉換成電力

1個小時所供應的能量
等同於全球整年的
能源消耗量！！
如果換算成石油，
則高達 **100**億噸

太陽能發電的機制

光能一旦接觸到物質，就會發生電子從內部放射出來的現象。

光 → 物質 → 電子

此現象即稱為「光電效應」

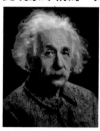

1905年，愛因斯坦透過假設光是一種粒子的「光量子假說」來說明此現象，並於1921年獲得諾貝爾獎。

太陽能發電即為利用此現象的發電方式

光 → ? → 電子 / 電子 / 電子

太陽能發電的研究是為了尋求能更有效放射出電子的物質

利用陽光發電的機制

太陽能發電是一種利用太陽能電池將陽光直接轉換成電力的發電方式。太陽能電池如今已蔚為主流，是由n型與p型兩種性質相異的矽半導體貼合而成的。只要接觸到陽光，就會引起所謂的「光電效應」，即透過光能使物質放射出電子的現象。這種機制的結果便是，放射出的負電荷（－）會往n型聚集，反之，正電荷（＋）則是聚集於p型，接著只要連接電線，即可產生電流。

太陽能電池的最小單位稱為「cell」，以大量cell連接而成的便是常見的「太陽能板」，又稱為「太陽能電池模板」。最近也有愈來愈多住宅在屋頂上設置太陽能板，即可為整個家供應電力與熱水。如此一來，即便沒有大規模的設備，只要照得到太陽，任何地方都能利用太陽能發電，可說是最隨手可得的可再生能源。

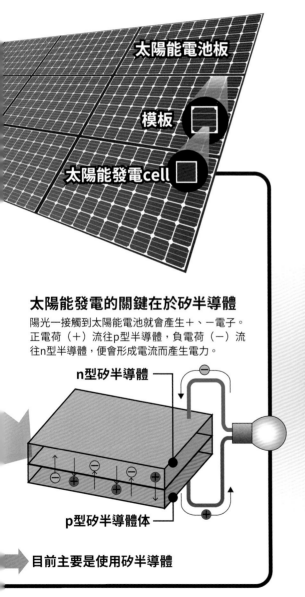

太陽能電池板

模板

太陽能發電cell

太陽能發電的關鍵在於矽半導體

陽光一接觸到太陽能電池就會產生＋、－電子。正電荷（＋）流往p型半導體，負電荷（－）流往n型半導體，便會形成電流而產生電力。

n型矽半導體

p型矽半導體体

目前主要是使用矽半導體

現階段太陽能發電的實力為何？

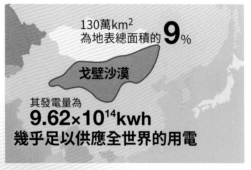

光能　　轉換效率 15～20%　　電能

如果能在戈壁沙漠中埋放太陽能板

130萬km² 為地表總面積的 **9**%

戈壁沙漠

其發電量為

$$9.62 \times 10^{14} \text{kwh}$$

幾乎足以供應全世界的用電

亦可將自宅改為被動式太陽能房屋

電力與熱水都自給自足

太陽能板 + 太陽能熱水器

溫暖的空氣

儲熱水箱

絕熱材料

蓄電池

中國製造商在急速擴張的太陽能市場上有飛躍性的發展

FIT 促進了太陽能發電

太陽能電池研發於1950年代，但直到2010 年代後，太陽能發電才快速普及開來。在此之前雖然作為化石燃料的替代能源而備受期待，卻因設備與維護上的成本高昂而遲遲未能普及。此外，太陽能電池雖然取

名為電池，卻不具備蓄電功能，所以缺點是多餘的電力會白白浪費掉。

各國導入的固定價格收購制度FIT（Feed-in Tariff）改變了這種狀況。FIT是一項補貼計畫，電力公司有義務於特定期間內以國家制定的價格來購買可再生能源（不僅限於太陽能）所產生的電力。透過這項計

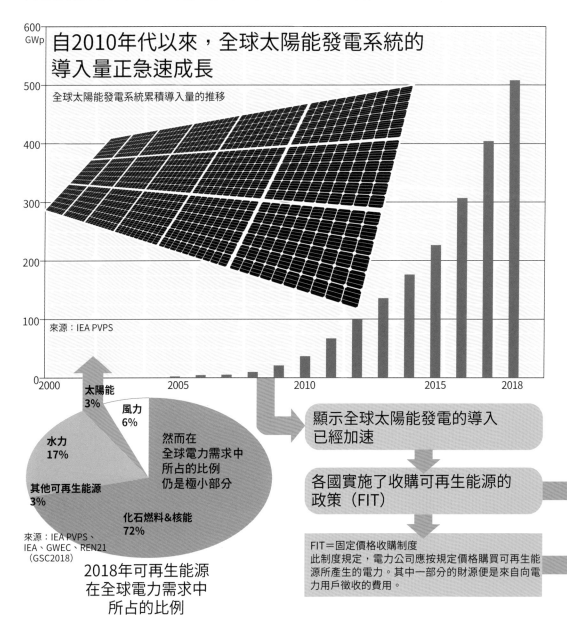

自2010年代以來，全球太陽能發電系統的導入量正急速成長

全球太陽能發電系統累積導入量的推移

來源：IEA PVPS

太陽能 3% 風力 6% 水力 17% 其他可再生能源 3% 然而在全球電力需求中所占的比例仍是極小部分 化石燃料&核能 72%

來源：IEA PVPS、IEA、GWEC、REN21（GSC2018）

2018年可再生能源在全球電力需求中所占的比例

顯示全球太陽能發電的導入已經加速

各國實施了收購可再生能源的政策（FIT）

FIT＝固定價格收購制度 此制度規定，電力公司應按規定價格購買可再生能源所產生的電力。其中一部分的財源便是來自向電力用戶徵收的費用。

畫，以可再生能源水平較高的德國為首，各個國家導入愈來愈多太陽能發電，發電成本便降低了。

日本也於2012年實施了FIT法，如今號稱導入量為全球第三，但是相較於其他國家，發電系統的費用仍居高不下。

全球最大太陽能市場：中國

如今太陽能發電擴展得最為急速的，便是經濟發展顯著而電力需求持續增加的東亞各國。尤其是中國，正致力於發展太陽能

發電以作為火力發電的替代能源，目前導入量已居全球之冠。在太陽能板的生產方面，日本製造商雖然曾經暫時領先全球，但如今廉價的中國製品已經占了全球市場的63%。

全球前十大太陽能發電系統導入國（2019年）

2019年太陽能發電系統累積導入量

中國	204.7GW
美國	75.9GW
日本	63GW
德國	49.2GW
印度	42.8GW
義大利	20.8GW
澳洲	14.6GW
英國	13.3GW
韓國	11.2GW
法國	9.9GW
全球總計	627GW

來源：IEA PVPS

> 此政策使太陽能事業日益擴大而發電成本急遽下跌

日本太陽能發電成本的實績與預測

中國的實績為4～7日圓
日本預計為6.2日圓
日本預計為5.1日圓
日本預計為3.7日圓
沙烏地阿拉伯達到3日圓

2017 2018　2025　2030　2040

來源：Bloomberg NEF數據 由資源能源廳所編製

太陽能發電系統的核心
太陽能板企業也以中國居冠

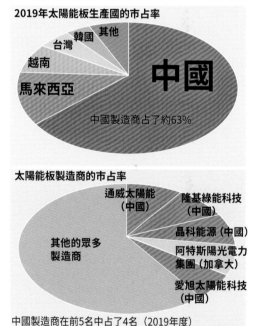

2019年太陽能板生產國的市占率

其他
韓國
台灣
越南
馬來西亞
中國

中國製造商占了約63%

太陽能板製造商的市占率

通威太陽能（中國）
隆基綠能科技（中國）
晶科能源（中國）
阿特斯陽光電力集團（加拿大）
愛旭太陽能科技（中國）
其他的眾多製造商

中國製造商在前5名中占了4名（2019年度）

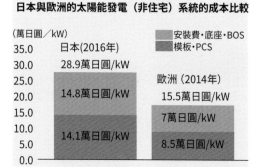

日本的導入成本仍居高不下
日本與歐洲的太陽能發電（非住宅）系統的成本比較

（萬日圓／kW）

安裝費‧底座‧BOS
模板‧PCS

日本（2016年）28.9萬日圓/kW
14.8萬日圓/kW
14.1萬日圓/kW

歐洲（2014年）15.5萬日圓/kW
7萬日圓/kW
8.5萬日圓/kW

來源：日本的數據來自FIT年報，歐洲則取自JRC PV Status Report由資源能源廳所編製

利用風車來產生電力的風力發電今後有望在海上運用

將風力轉換成旋轉力與電力

以全世界來說，風力發電所提供的電力將近太陽能發電的2倍。

如今蔚為主流的風力發電機是由3片葉片（機翼）、位於其根部的機艙（機械室）與支撐的塔座（塔柱）所構成。風在愈高處吹得愈強勁，因此塔座的高度會高達50～100m。

所謂的風力發電，是藉由風車將風能轉換成旋轉力，再利用該旋轉力來產生電的一種發電方式。下圖為機艙內部的示意圖。一有風接觸，葉片就會旋轉，轉軸也會隨之轉動，透過增速機將該轉速加快約100倍，

一般風力發電的風車構造

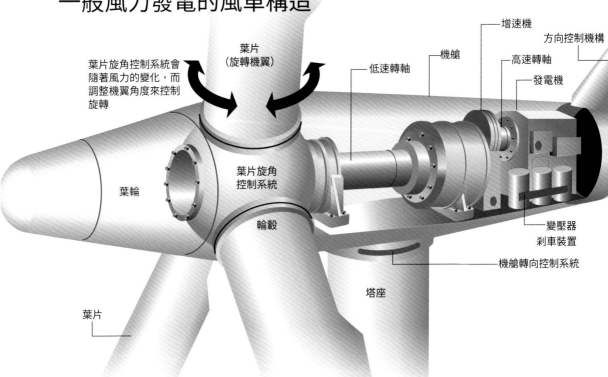

葉片旋角控制系統會隨著風力的變化，而調整機翼角度來控制旋轉

葉片（旋轉機翼）

葉輪

葉片旋角控制系統

輪轂

葉片

塔座

低速轉軸

機艙

增速機

方向控制機構

高速轉軸

發電機

變壓器

剎車裝置

機艙轉向控制系統

來源：Center on Globalization, Governance, and Competitiveness, Duke University

風能　→　透過風車將其轉化為旋轉能量　→　再透過發電機將其轉化為電能

再傳遞至發電機，如此便可驅動發電機，進而產生電力。

丹麥在風力發電居領先地位

19世紀後半葉以來，丹麥是全世界投注最多心力於風力發電的國家，為現在的風力發電機奠定了基礎。如右下圖表所示，全球風力發電機市占率最高的也是丹麥的製造商。丹麥有將近50%的發電是靠風力來供應，市民共同持有風力發電廠的情況並不罕見。

風力發電的優點在於，只要有風，即便是無陽光可用的夜間也能發電，但另一方面也有設置地點受限的缺點，必須考慮到景觀、噪音與對鳥類的影響等。因此，風力比陸上強勁且不會影響四周的海上風力發電備受世界關注。

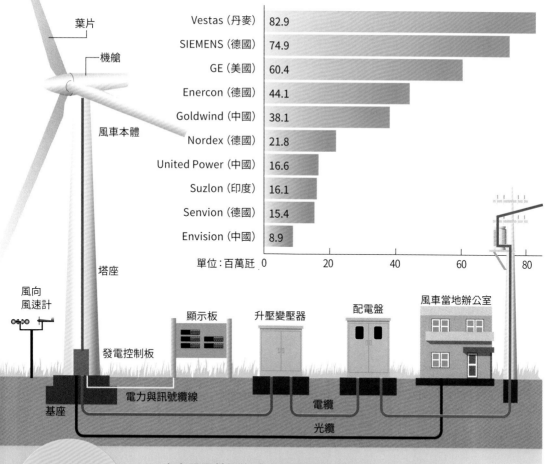

風力發電廠的機制

葉片
機艙
風車本體
塔座
風向風速計
顯示板
發電控制板
升壓變壓器
配電盤
風車當地辦公室
電力與訊號纜線
基座
電纜
光纜

全球前十大風力發電製造商

Vestas（丹麥）	82.9
SIEMENS（德國）	74.9
GE（美國）	60.4
Enercon（德國）	44.1
Goldwind（中國）	38.1
Nordex（德國）	21.8
United Power（中國）	16.6
Suzlon（印度）	16.1
Senvion（德國）	15.4
Envision（中國）	8.9

單位：百萬瓩　0　20　40　60　80

風力發電的問題點

・大多設置於沿海或高原等風景名勝區，會破壞景觀
・會引發鳥類撞擊意外或棲息地消失
・會產生低頻聲波或機械音
⇒故而難以選定設置的地點

有6000年風力使用史做後盾的風力發電未來將會如何？

風力運用始於帆船與風車

人類大約從6000年前開始利用風力至今。最古老的風力運用便是讓帆布乘風前進的帆船。帆船誕生於古埃及時代，後來日益大型化，到了15～17世紀的大航海時代，成了歐洲各國海上擴張的後盾。

另一個重要的風力運用是風車。人類學會利用風轉動葉輪來獲得動力後，便將穀物磨粉、汲水等各種勞動工作從人力轉為了風力。荷蘭的填海造陸事業始於13世紀，風車作為汲水的動力發揮了重要的作用。

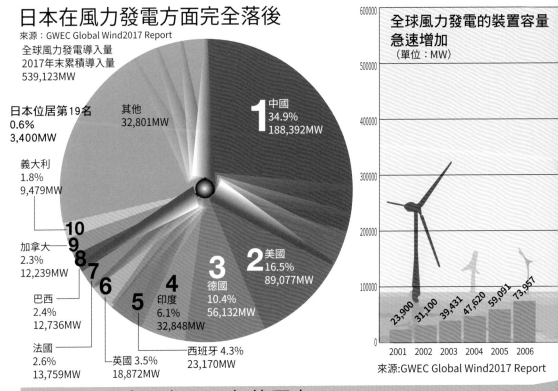

日本在風力發電方面完全落後

來源：GWEC Global Wind2017 Report

全球風力發電導入量
2017年末累積導入量
539,123MW

日本位居第19名
0.6%
3,400MW

其他
32,801MW

1 中國
34.9%
188,392MW

義大利
1.8%
9,479MW

加拿大
2.3%
12,239MW

巴西
2.4%
12,736MW

法國
2.6%
13,759MW

英國 3.5%
18,872MW

印度
6.1%
32,848MW

4

5

6

7

8

9

10

西班牙 4.3%
23,170MW

3 德國
10.4%
56,132MW

2 美國
16.5%
89,077MW

全球風力發電的裝置容量急速增加
（單位：MW）

23,900　31,100　39,431　47,620　59,091　73,957

2001　2002　2003　2004　2005　2006

來源:GWEC Global Wind2017 Report

人類利用風力已有6000年的歷史

西元前4000年，
人類搭乘帆船
駛向大海

自8世紀前後以來，
風車磨坊在伊斯蘭世界
十分活躍

自13世紀以來
荷蘭憑藉著
風車打造了
國土

15世紀，
哥倫布的帆船
改變了世界歷史

大英帝國的
帆船艦隊
席捲全球

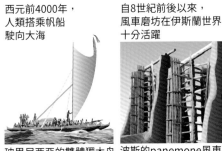

玻里尼西亞的雙體獨木舟

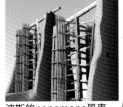

波斯的panemone風車

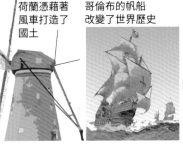

中國在風力方面也領先歐美

人類運用這種風車的機制，從19世紀末開始研發風力發電。

如下方柱狀圖所示，全球風力發電的裝置容量（發電設備每單位時間可完成的最大工作量）每年都在持續增加。在此之前都是由歐美各國引領著風力發電的發展。尤其是歐洲，受到偏西風的影響而較容易獲得風力，很早就開始投入風力發電，目前以英國為主，正致力於發展海上的風力發電。

在這種原本由歐美主導的風力發電市場中，中國突然於2015年獨占鰲頭。如左下方的圓餅圖所示，如今占了全球風力發電的3分之1。同為亞洲，印度也相當努力而位居第4名，日本卻甘於第19名。和太陽能發電一樣，明明擁有技術，卻落後於其他國家。

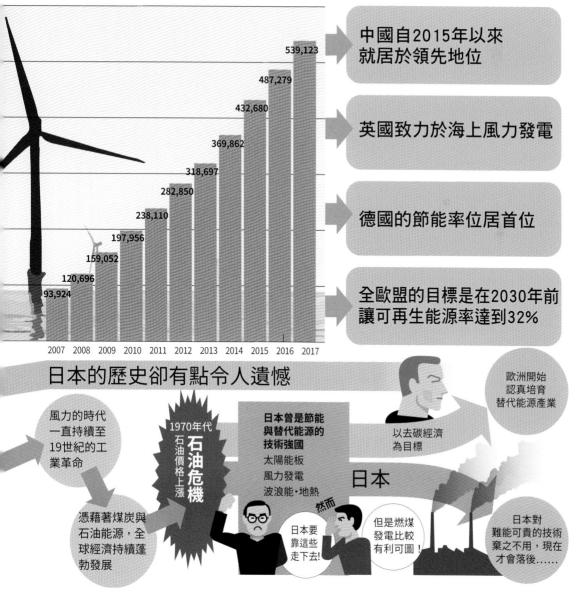

中國自2015年以來就居於領先地位

英國致力於海上風力發電

德國的節能率位居首位

全歐盟的目標是在2030年前讓可再生能源率達到32%

2007	2008	2009	2010	2011	2012	2013	2014	2015	2016	2017
93,924	120,696	159,052	197,956	238,110	282,850	318,697	369,862	432,680	487,279	539,123

日本的歷史卻有點令人遺憾

風力的時代一直持續至19世紀的工業革命

憑藉著煤炭與石油能源，全球經濟持續蓬勃發展

1970年代 石油價格上漲 石油危機

日本曾是節能與替代能源的技術強國
太陽能板
風力發電
波浪能・地熱

然而

日本要靠這些走下去！

但是燃煤發電比較有利可圖！

以去碳經濟為目標

歐洲開始認真培育替代能源產業

日本

日本對難能可貴的技術棄之不用，現在才會落後……

水力發電佔了再生能源的6成，中小型水力發電今後值得期待

Part 3
邁向去碳化的對策⑦

利用水流與水位落差來發電

在可再生能源中，最早被運用於發電的便是占了全球可再生能源電力約6成的水力發電。

水力發電是一種利用水從高處往低處流的能量來轉動水車，藉其旋轉力來產生電力的發電方式，是所有發電方式中能源轉換效率最高的，可將80%的水能轉換成電能。

如右下圖所示，水力發電有各種不同的類型。較為人所知的便是水庫式發電，即在河川上興建水壩，蓄水後再筆直下衝來發電。此法可以調整水量，故可發揮預防洪水與缺水的作用，各國過去都陸續建造巨大的

昔日曾出現巨大水壩發電熱潮 美國的胡佛水壩為其先驅

發電能力 208萬kW

為了度過第一次世界大戰後的經濟蕭條期而於科羅拉多河流域執行了一項綜合開發計畫，這座水壩即為其核心。於1936年竣工。

因為這個項目的成功，世界各地開始相繼興建巨大水壩

亞斯文水壩

發電能力 208萬kW

這座巨大水壩是當時埃及總統納賽爾矢志達成的心願，目的在於防止尼羅河氾濫。於1970年竣工，也會供應工業用電。

伊泰普水電站

發電能力 1260萬kW

巴西與巴拉圭合資並共同管理的多功能水壩。自1984年起開始發電，發電能力居世界第二。

三峽大壩

發電能力 2250萬kW

攔截中國的長江，為發電量世界第一的巨大水壩，不過從計畫階段開始就有人對其強度提出質疑。

然而，如今有人基於各種理由而指出巨大水壩建設的問題點
- ●興建時的自然破壞
- ●龐大的建設成本與貪汙問題
- ●居民的撤離問題
- ●產生甲烷氣

目前轉而著眼於透過水資源再利用的小規模水力發電

2019年 全球的電源構成 合計27005TWh

- 生物質・地熱 2.4%
- 太陽能 2.7%
- 風力 5.3%
- 水力 15.6%
- 天然能源 26.0%的明細
- 其他 0.9%
- 核能 10.4%
- 天然氣 23.3%
- 石油 3.1%
- 煤炭 36.4%

全球水力發電的實績為4222TWh

來源：BP, Statistical Review of World Energy 2020（2020年6月）

也有許多國家將近100%的電力是靠水力發電來供應

巴拉圭 100%
憑藉伊泰普水電站與亞西雷塔水電站2座水力發電廠來生產電力，不僅供應國內所需，甚至足以出口。

阿爾巴尼亞 99.9%
憑藉位於北部的3座水力發電廠來生產國內90%的電力。

不丹 99.9%
特色在於活用喜馬拉雅山的高度來進行水力發電，使電力成為該國最大的出口品項。

尼泊爾 98.85%
預計2022年還會有新的水力發電廠竣工，基礎設施的維護將會是今後的課題。

挪威 96.80%
有座時尚且設計性高的水力發電廠，還成為觀光地，在許多方面都頗為先進。

塔吉克 96.69%
擁有得天獨厚的水力資源，但仍有改善的餘地，比如冬天的缺水問題等。

其中蘊含著潛力

水壩。

從巨大水壩邁向中小型水力的時代

然而，大規模的水壩建設不僅所費不貲，還會對自然環境與周邊居民造成影響。因此，如今備受關注的是中小型水力發電。

只要有一定程度的水流與水位落差，即便沒有大規模的設備也能夠實現水力發電。中小型水力一般是採用川流式發電，即任由水流自然流動而不截流，可以有效運用河川、農業用水、上下水道、既有水壩的放流水等。

歐洲自古以來就很盛行利用與風車相同原理的水車來研磨製粉，因此中小型水力的技術高超，對地區的電力供應有所貢獻。這項技術在水資源豐沛的日本也被寄予厚望，但是水權伴隨而來的繁雜程序成了一大課題。

中小型發電與傳統水力發電的差異

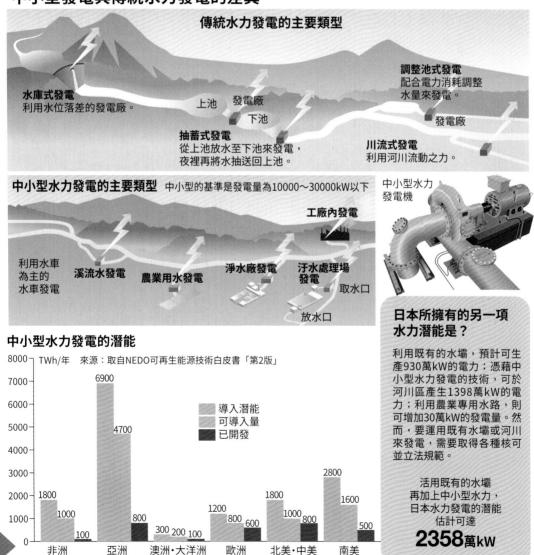

傳統水力發電的主要類型

水庫式發電
利用水位落差的發電廠。

上池　發電廠
下池

抽蓄式發電
從上池放水至下池來發電，夜裡再將水抽送回上池。

調整池式發電
配合電力消耗調整水量來發電。

發電廠

川流式發電
利用河川流動之力。

中小型水力發電的主要類型 中小型的基準是發電量為10000～30000kW以下

工廠內發電

利用水車為主的水車發電　**溪流水發電**　**農業用水發電**　**淨水廠發電**　**汙水處理場發電**
取水口
放水口

中小型水力發電機

中小型水力發電的潛能

8000 TWh/年　來源：取自NEDO可再生能源技術白皮書「第2版」

導入潛能
可導入量
已開發

	非洲	亞洲	澳洲・大洋洲	歐洲	北美・中美	南美
導入潛能	1800	6900	300	1200	1800	2800
可導入量	1000	4700	200	800	1000	1600
已開發	100	800	100	600	800	500

日本所擁有的另一項水力潛能是？

利用既有的水壩，預計可生產930萬kW的電力；憑藉中小型水力發電的技術，可於河川區產生1398萬kW的電力；利用農業專用水路，則可增加30萬kW的發電量。然而，要運用既有水壩或河川來發電，需要取得各種核可並立法規範。

活用既有的水壩
再加上中小型水力，
日本水力發電的潛能
估計可達

2358萬kW

可利用龐大的海洋能源而備受期待的潮汐與波浪能發電

潮汐發電

潮汐是由月球對地球造成的引力與地球自轉所產生的離心力所引起的。利用此時海水流動的力量來進行發電，可謂自然能源的資優生。

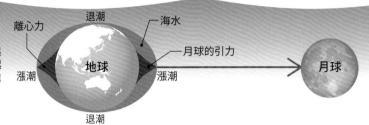

離心力　退潮　海水
漲潮　地球　月球的引力　月球
漲潮　退潮

英國在潮汐發電方面是領先的

英國‧威爾斯
「Swansea Bay Tidal Lagoon」的潮汐發電廠

漲潮時的靠海側　　退潮時的靠海側
瀉湖　海平面上升　　瀉湖　海平面下降
海水的流動　　海水流入大海
渦輪　渦輪葉片

於潮差約為8.5m左右的斯萬西海灣建造人工瀉湖（lagoon）來進行潮汐發電。漲潮時積存於瀉湖中的水會在退潮時釋放入海中，藉此轉動渦輪來發電。

英國‧蘇格蘭北海潮汐發電
Atlantis Resources公司

彭特蘭海峽的潮流流速最高可達每秒5m，便是活用這種潮流的流速來發電。此外，渦輪是設置於海底，所以不會影響到景觀。總裝置容量相當於6MW（6000kW）。

韓國目前也居領先地位
全球最大的始華湖潮汐發電廠

始華湖為人造湖，不僅用於潮汐發電，對水質的改善也有所貢獻。裝置容量相當於25.4MW。

日本也開始進行概念驗證
全球第一個利用黑潮來進行海流發電

海流發電是利用地形優勢持續研究開發的一種發電方式，目前還在研究階段。實驗結果顯示，在每秒流速0.8～1.2m的黑潮海域上可產生的最大輸出功率為30kW。然而，黑潮海域位於遠離陸地的海上且流速緩慢，所以成本與輸電損耗等也是一大課題。

將潮汐與波浪的力量轉換為電力

　　地球表面約7成為海洋所覆蓋。運用這些海洋所具備的龐大能源來發電，引起人們極大的關注。

　　有各式各樣的方式可以利用海洋能源來發電，比如利用潮水流動與漲退的潮汐發電，以及利用波浪上下運動的波浪能發電等。其原理基本上與水力發電相同，都是利用水的能量轉動渦輪來發電。

　　利用潮水漲退的潮汐發電即為一例，

不妨讓我們試著觀察看看。如上圖所示，地球在自轉的同時也受到月球引力的影響，所以月球所在那側的海平面也會因為月球的引力拉抬而升高，此現象即稱為漲潮。此外，與月球相對的另一側則有地球自轉所造成的離心力強力作用，也同樣會形成漲潮。另一方面，從月球的角度來看，位於呈直角的地方則會形成退潮，海平面降至最低。潮汐發電就是利用這一點，趁漲潮與退潮時，將海水移動的能量轉化為旋轉運動來驅動發電機。通常1天會發生2次漲潮與退潮，所以

據說只要運用全球的潮汐能與波浪能
就能抵過120座核電廠的供電量

波浪能發電
全球首度產業化的波浪能發電
蘇格蘭Pelamis Wave Power公司

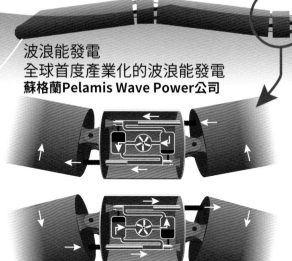

Pelamis公司製造的波浪能發電裝置是一種以圓筒相接而成的構造，藉波浪之力使圓筒產生上下與扭轉運動，以此驅動水壓幫浦，再利用該水壓來進行發電。裝置有一半位於水面下，所以對景觀的影響不大。總裝置容量為2.25MW（2250kW）。

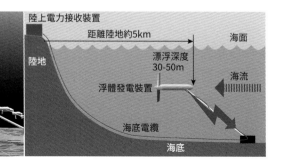

發電量也是可以預測的。

對以英國為首的海洋國家有利

透過海洋能量來發電，不會受到天候左右而可確保穩定的電力，而且發電機是設置在海底，所以也不會破壞景觀。

然而，建設的成本高昂，且設備在海中會受到鹽分與波浪的影響，維護起來大不易。因此全球的實用案例還不多，不過北歐、北美、澳洲與韓國等臨海各國都競相展開研發。

海洋國家日本所具備的潛能為何？

日本的領海與經濟海域

領海與經濟海域的
面積排名全球第六

日本在潮汐發電與波浪能發電上都沒有設定導入目標值。然而，日本的海洋能源資源利用推動機構（OEA-J）已經規劃了一個藍圖，即階段性地擴大發電規模，目標是在2050年前讓潮汐發電的導入值達7600MW，而波浪能發電達到7350MW。

英國四面環海且擁有許多潮水流動劇烈的海域，目前在這個領域領先全球。日本也具備同樣的地理條件，蘊藏著巨大的可能性，利用九州沿海的黑潮來發電的系統已經展開概念驗證。

火山地區的優勢新能源，利用地底熱能的地熱發電

日本的地熱沒有得到有效利用

地熱是像日本這種火山國家所具備的豐富資源之一。所謂的地熱是指地球內部的熱能。火山地區的地底深處會有所謂的「岩漿庫」，蓄積著因逾1000℃高溫而融化成黏稠狀的岩石。當雨水等從地表滲入這些地方，就會因為熱能而升溫。地熱發電便是從積聚著這些熱水與水蒸氣的「地熱貯留層」中取出地熱能源來進行發電。

日本擁有的地熱資源排名全球第三，但是只有極小一部分被用於發電。地熱的開發成本高且地熱資源大多位於國家公園內或溫泉區，因而推遲了開發。然而，近年來已

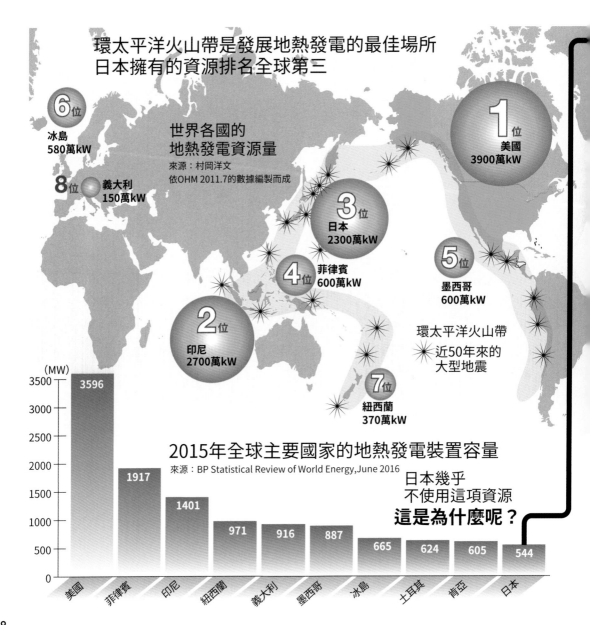

環太平洋火山帶是發展地熱發電的最佳場所
日本擁有的資源排名全球第三

6位
冰島
580萬kW

8位 義大利
150萬kW

世界各國的
地熱發電資源量
來源：村岡洋文
依OHM 2011.7的數據編製而成

3位
日本
2300萬kW

4位
菲律賓
600萬kW

1位
美國
3900萬kW

5位
墨西哥
600萬kW

2位
印尼
2700萬kW

7位
紐西蘭
370萬kW

環太平洋火山帶
✳ 近50年來的
大型地震

2015年全球主要國家的地熱發電裝置容量
來源：BP Statistical Review of World Energy, June 2016

(MW)

美國	菲律賓	印尼	紐西蘭	義大利	墨西哥	冰島	土耳其	肯亞	日本
3596	1917	1401	971	916	887	665	624	605	544

日本幾乎
不使用這項資源
這是為什麼呢？

重新審視了國家公園的規定，持續摸索與溫泉區共存之法。

與溫泉區共存的溫泉發電

地熱發電一直以來都以「閃發蒸氣式」為主流，這是從地熱貯留層中汲取熱水並利用其蒸氣直接轉動渦輪的發電方式。然而，此法勢必得挖掘至深處以取得超過150℃的熱水，所以在地質調查與設備建設上又貴又耗時。

相對於此，如果是採用「雙循環式」之法，那麼即便是低於100℃的溫水，也可以利用沸點比水還低的介質來發電。目前受到矚目的便是「溫泉發電」，利用既有的溫泉來發電，再將發電後的熱水用來沐浴。這麼一來就沒必要挖掘新的，只要有效利用溫泉就能供應該地區所需的電力與暖氣，所以各個溫泉區都在評估是否導入。

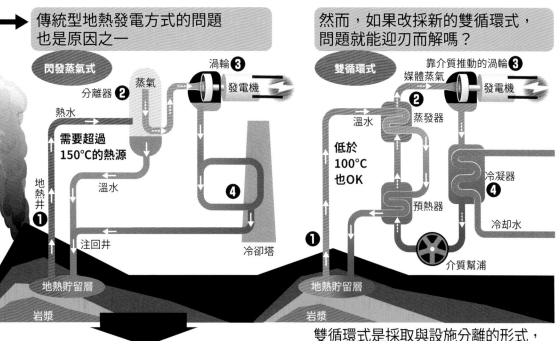

傳統型地熱發電方式的問題也是原因之一

閃發蒸氣式

渦輪 ❸
分離器 ❷
蒸氣
發電機

熱水

需要超過150℃的熱源

溫水

地熱井 ❶

注回井

冷卻塔

地熱貯留層

岩漿

然而，如果改採新的雙循環式，問題就能迎刃而解嗎？

雙循環式

靠介質推動的渦輪 ❸
媒體蒸氣
發電機
❷
溫水
蒸發器

低於100℃也OK

冷凝器
❹
預熱器
冷却水
❶
介質幫浦

地熱貯留層

岩漿

雙循環式是採取與設施分離的形式，故可直接利用既有的溫泉。

1 需要高溫的熱源，所以必須耗費大量時間與成本於現場調查與開發。

2 適合發展地熱發電的地方大多為溫泉觀光區，恐因設施建設而對泉質造成不良影響，往往會引發反對運動。

3 適合發展地熱發電的地方大多位於國家公園內，所以會對設施建設加諸許多限制。

為地熱發電開闢出龐大的可能性

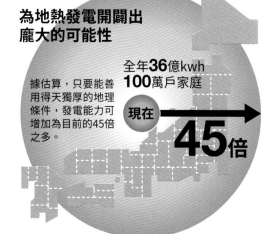

據估算，只要能善用得天獨厚的地理條件，發電能力可增加為目前的45倍之多。

全年**36**億kwh
100萬戶家庭

現在

45倍

再生能源的終極王牌「氫能」是利用水所產生的氫氣來發電

有許多優點的氫能

正如水行星這個別稱所示，地球受惠於豐沛的水資源。人類不僅把這些資源直接化作水力來運用，提取氫氣作為能源的「氫能」如今也受到熱切關注。

不光是水，地球上的各種物質中都含

有氫氣，所以既廉價又取之不盡，使用能源時也不會排放出CO_2，還有可儲存與搬運等優點。因此，以歐美已開發國家為主，正不斷進行開發，連日本也已經開始進入實用階段。

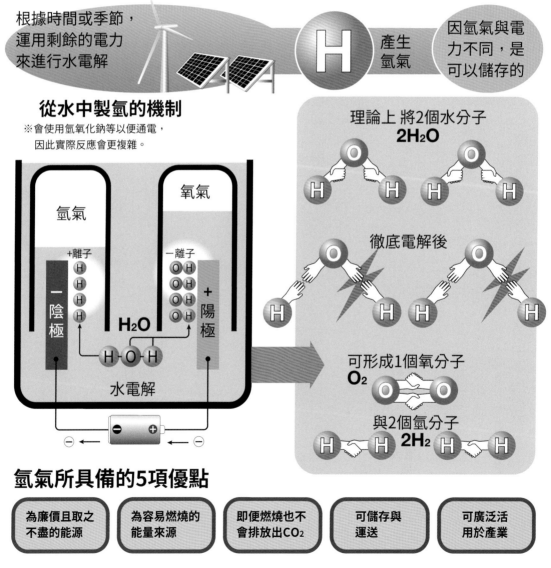

根據時間或季節，運用剩餘的電力來進行水電解

H 產生氫氣

因氫氣與電力不同，是可以儲存的

從水中製氫的機制

※會使用氫氧化鈉等以便通電，因此實際反應會更複雜。

氫氣

+離子

一陰極

H_2O

H-O-H

水電解

氧氣

一離子

+陽極

理論上 將2個水分子 $2H_2O$

徹底電解後

可形成1個氧分子 O_2

與2個氫分子 $2H_2$

氫氣所具備的5項優點

| 為廉價且取之不盡的能源 | 為容易燃燒的能量來源 | 即便燃燒也不會排放出CO_2 | 可儲存與運送 | 可廣泛活用於產業 |

如今全球都把這種氫能當作實現去碳社會的王牌

從氫氣與氧氣中產生電力

　　若要從水中提取氫氣，必須施加電力將其分解成氫氣與氧氣，即所謂的水電解。然而，如果此時所使用的電力是燃燒化石燃料產生的，仍會排放CO_2，所以倘若目標是要減碳，就必須使用以可再生能源所產生的電力。

　　若要以氫氣來產生電力，作法與水電解相反，必須燃燒氫氣，使之與氧氣發生化學反應，再以從中產生的能量來發電。

　　除了這種氫氣發電以外，另外還有一種運用氫能的方式，那就是使用燃料電池。燃料電池的機制基本上與氫氣發電並無二致，但是無須燃燒氫氣即可使其與氧氣發生化學反應來產生電力。近年來逐漸普及的家庭用燃料電池「ENE-FARM」也是利用天然氣等所含的氫氣來產生電力與熱水。此外，目前也持續開發裝設燃料電池的氫能汽車。

利用氫能來發電

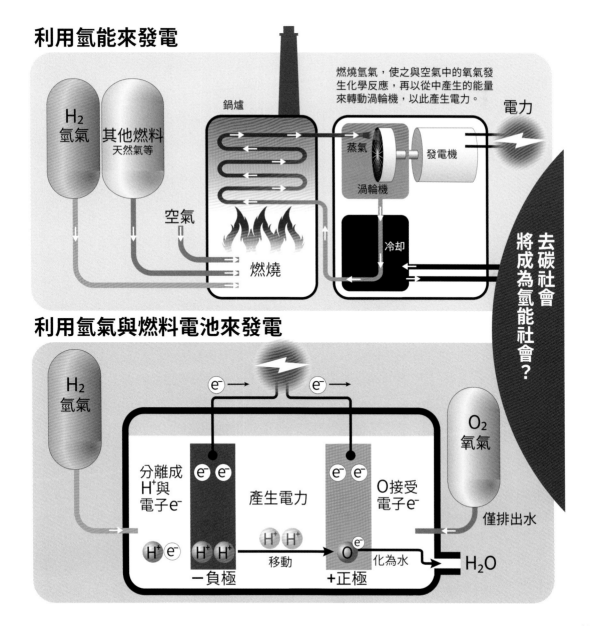

燃燒氫氣，使之與空氣中的氧氣發生化學反應，再以從中產生的能量來轉動渦輪機，以此產生電力。

H_2 氫氣　其他燃料 天然氣等

鍋爐　蒸氣　發電機　電力

渦輪機

空氣　冷却

燃燒

去碳社會將成為氫能社會？

利用氫氣與燃料電池來發電

H_2 氫氣

e^-　e^-

O_2 氧氣

分離成 H^+ 與電子 e^-

e^- e^-

產生電力

e^- e^-

O 接受電子 e^-

僅排出水

H^+ e^-　H^+ H^+　移動　O e^-　化為水

H_2O

一負極　　　　+正極

為了實現氫能社會，目前有哪些課題與解決之策？

要實用化就必須降低成本

世界各國如今都對活用氫能來實現氫能社會寄予厚望。然而，目前仍遲遲難以普及。在此試著將其主要原因與解決之策整理如下圖。

首先是製氫的費用相當高昂。除了水以外，還有下水道汙泥、家畜排泄物等生物質（Biomass），或是一般稱為褐炭的低品質煤炭等，皆可作為提取氫氣的原料，且可低價購得。然而，提取氫氣需要龐大的電力，若要全都以可再生能源來供應，目前可再生能源的價格仍居高不下，因此希望今後能變得跟化石燃料一樣平價。

氫氣的課題 1　製氫成本仍居高不下

製氫的方式有很多種

- 電解水
- 從天然氣中製造
- 從澳洲的褐炭中製造
- 以化學工業副產品的形式產生

無論採用哪種方式，都必須將生產成本降到與原油差不多的價格

為此……

- 必須降低可再生能源的價格
- 必須從根本改革生產體制
- 必須如中國般降低生產設備的價格

必須在2030年前後將成本降到比現狀還要低60～90%

日本是否能在歐洲與中國之間的競爭中掌握主導權尚仍然未知

氫氣的課題 2　氫氣的儲存與運送費用高昂

要把H_2化作液體來處理，就必須將之冷卻至-253℃。為此而衍生出的成本是氫氣實用化的一大難關。

如今已開發出在常溫下將氫氣化為液體的技術

體積會變成氫氣的**500分之1**

氫氣＋甲苯＝液體

利用普通的郵輪來運送

去除**甲苯**

變回**氫氣**

氫氣成為便於處理的能量來源

第二個問題在於儲存與運送的費用。氫氣一旦化為液體，體積就會縮減為氣體的800分之1，所以液體較便於儲存與運送，不過就必須花一筆費用將其冷卻至-253℃。因此，如今已開發出一種技術，即添加甲苯，使其在常溫下化為液體。

第三，為了實現氫能社會，就必須建立一條製氫、運送並供給的供應鏈，不過龐大的費用也成了一大課題。以普及氫能汽車不可或缺的氫氣站為例，所需費用是加油站的5倍，不過如果能常溫儲存氫氣，應該就可以降低成本。

第四個問題則是可活用氫氣的產業還不多，現階段是將希望寄託在利用氫氣來煉鐵的技術（p68～69）上。

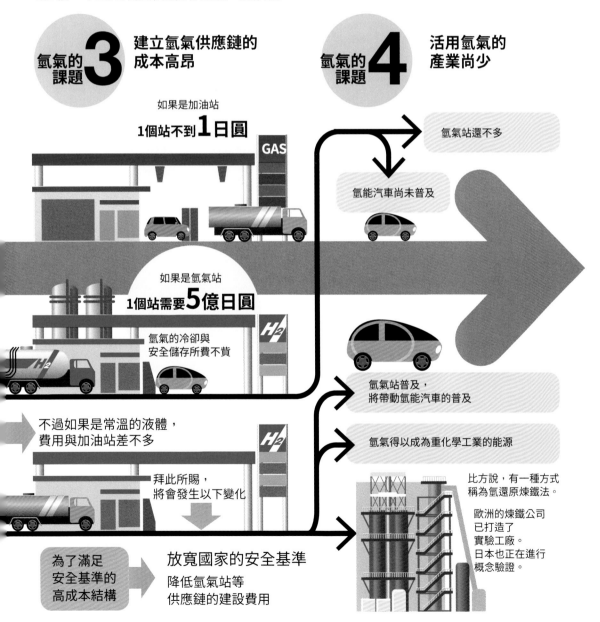

氫氣的課題 **3** 建立氫氣供應鏈的成本高昂

氫氣的課題 **4** 活用氫氣的產業尚少

如果是加油站
1個站不到1日圓
GAS

氫氣站還不多

氫能汽車尚未普及

如果是氫氣站
1個站需要5億日圓
H2

氫氣的冷卻與安全儲存所費不貲

不過如果是常溫的液體，費用與加油站差不多
H2

拜此所賜，將會發生以下變化

氫氣站普及，將帶動氫能汽車的普及

氫氣得以成為重化學工業的能源

比方說，有一種方式稱為氫還原煉鐵法。

歐洲的煉鐵公司已打造了實驗工廠。日本也正在進行概念驗證。

為了滿足安全基準的高成本結構

放寬國家的安全基準
降低氫氣站等供應鏈的建設費用

從引擎到電池，汽車的去碳化將改變產業結構

汽車去碳化結果所造成的轉變

將可謂汽車心臟部位的**汽油引擎**換成電池

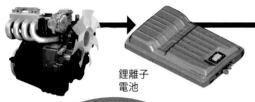

鋰離子電池

- 技術開發的重心轉移至電池的能力
- 從行駛的機械轉變為先思考再行駛的頭腦
- 轉變為愈行駛愈能淨化空氣的車子
- 轉變為災害發生時可提供電源的車子

汽油　汽油引擎

汽油引擎車

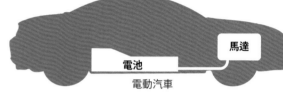

馬達　電池

電動汽車

因為汽車去碳化而減少或消失的需求與工作

汽油相關產業

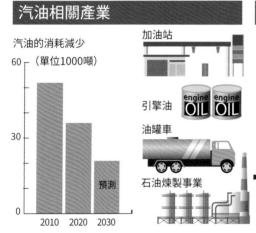

汽油的消耗減少
（單位1000噸）

60

30

0
2010　2020　2030

預測

加油站

引擎油

油罐車

石油煉製事業

車輛維修相關

汽車維修

汽車檢驗

汽車零件相關產業

不需要引擎

也不需要變速箱

汽車零件多達3萬件，一旦轉為電動汽車（EV），數量將會減半

光是日本就有500萬名汽車產業相關從業員會受到影響

邁向不會排放 CO_2 的電動汽車時代

在日本的CO_2排放量中，汽車等交通工具占了約2成。以汽油或輕油等石油為燃料的汽車會透過引擎來燃燒汽油，並排放出CO_2。因此，一般預測被視為零碳排環保車的電動汽車（EV）將會成為今後的主流。

電動汽車光靠儲存於電池中的電力就能行駛。在此之前都有充電耗時、不適合長距離移動等難題，不過這些都正透過技術開發來克服。

汽車相關產業將迎來重大變革

反倒是對汽車產業及其相關產業所造成的影響更令人憂心。一旦電動汽車得以普及，將不再需要汽油、引擎及其多不勝數的附加零件。到目前為止，汽車製造商都擁有自家工廠，並整合零件製造商來完成一條龍的生產。然而，電動汽車的生產則與智慧型手機或家電產品一樣，都可以將零件化為一個個單元再來進行組裝，即便不是擁有自家工廠的汽車製造商也可以進入這個市場。

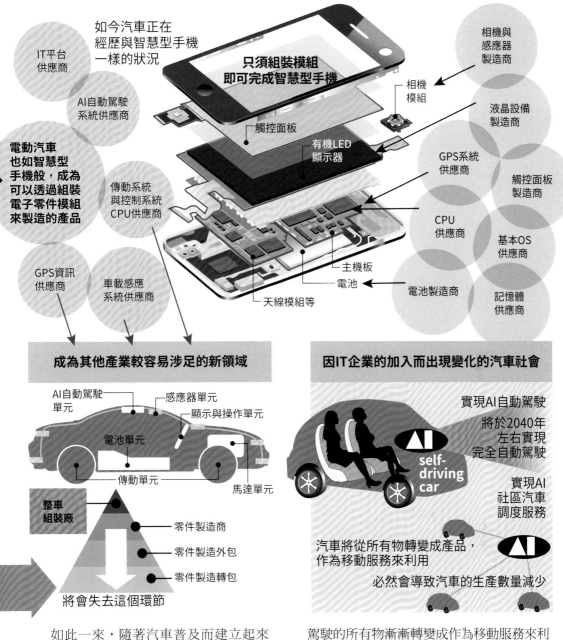

如今汽車正在經歷與智慧型手機一樣的狀況

只須組裝模組即可完成智慧型手機

IT平台供應商

AI自動駕駛系統供應商

電動汽車也如智慧型手機般，成為可以透過組裝電子零件模組來製造的產品

傳動系統與控制系統CPU供應商

GPS資訊供應商

車載感應系統供應商

觸控面板

相機模組

有機LED顯示器

主機板

電池

天線模組等

相機與感應器製造商

液晶設備製造商

GPS系統供應商

觸控面板製造商

CPU供應商

基本OS供應商

電池製造商

記憶體供應商

成為其他產業較容易涉足的新領域

AI自動駕駛單元

感應器單元

顯示與操作單元

電池單元

傳動單元

馬達單元

整車組裝廠

零件製造商

零件製造外包

零件製造轉包

將會失去這個環節

因IT企業的加入而出現變化的汽車社會

實現AI自動駕駛

將於2040年左右實現完全自動駕駛

self-driving car

實現AI社區汽車調度服務

汽車將從所有物轉變成產品，作為移動服務來利用

必然會導致汽車的生產數量減少

如此一來，隨著汽車普及而建立起來的產業結構將會發生巨大的改變，光是日本國內就有約500萬名汽油、車輛維修與汽車零件製造等相關從業員可能會受到影響。

目前正在推動的汽車電動化，可說是與交通工具從馬匹轉換為車輛時差不多等級的巨大變革。面臨這場大變革的不僅限於汽車相關企業。AI（人工智慧）自動駕駛技術目前是由美國的Google與中國的阿里巴巴等大型IT企業所主導。倘若因為IT企業的加入而實現完全自動駕駛，汽車或許會從自己

駕駛的所有物漸漸轉變成作為移動服務來利用的產品。

到2050年為止，汽車與飛機的去碳化將進展到什麼程度？

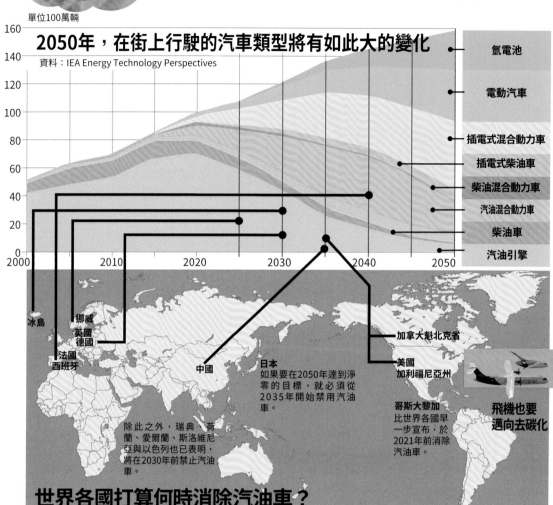

單位100萬輛

2050年，在街上行駛的汽車類型將有如此大的變化

資料：IEA Energy Technology Perspectives

氫電池

電動汽車

插電式混合動力車

插電式柴油車

柴油混合動力車

汽油混合動力車

柴油車

汽油引擎

冰島
挪威
英國
德國
法國
西班牙
中國

日本
如果要在2050年達到淨零的目標，就必須從2035年開始禁用汽油車。

加拿大魁北克省

美國
加利福尼亞州

哥斯大黎加
比世界各國早一步宣布，於2021年前消除汽油車。

除此之外，瑞典、荷蘭、愛爾蘭、斯洛維尼亞與以色列也已表明，將在2030年前禁止汽油車。

飛機也要邁向去碳化

世界各國打算何時消除汽油車？

距離禁用汽油車還有15年？

上方圖表為國際能源署（IEA）所發表的汽車數量推移狀況，是按照動力來劃分。汽油車目前仍占壓倒性多數，不過汽油與電力並用的混合動力車，與在油電混合動力車上加裝外部充電功能的插電式混合動力車也在逐步增加中。IEA預測，從2030年左右開始，電動汽車與氫能汽車將會增加，直到2050年為止，汽油車將會急速減少。

中國早一步預測到這樣的變化，並在電動汽車的開發方面領先全球。中國一直以來深受空氣污染所苦，從10幾年前起便將汽車的電動化視為國家專案來推動，如今電動汽車正在快速普及。中國已經表明，將在2035年前禁止汽油車的銷售。

同樣的，美國與加拿大有些州也已宣布，將在2035年前禁止販售汽油車，英國、瑞典與丹麥等國是2030年前，挪威則更早，在2025年前就會禁止銷售。全世界都在加速推動去汽油化。

相對於此，日本採取了模稜兩可的立

100 汽油車 ｜ **CO₂的排放量 設定汽油引擎為基準100**

0
氫氣燃料電池車

終極
環保車

氫氣 ○

電池｜氫氣缸｜燃料電池堆｜電動機・發電機

只會產生水，不僅不會排放CO₂，還具有絕佳的能源效率，但仍有車輛成本高昂且氫氣站太少等課題有待克服。

1～37
電動汽車（EV）

電源 ｜｜

電池｜電動機・發電機

行駛時不會排放CO₂。還有一個優點是可以壓低燃料費。缺點則是可行駛距離短且充電較為耗時等。

37
插電式混合動力車

電源 ｜｜

電池｜燃料缸｜電動機・發電機｜內燃機

汽油

電動汽車行駛距離較短的這項弱點，可以透過分別運用電力與汽油來彌補。不過還是有充電耗時且車內空間變窄等缺點。

65
汽油混合動力車

電池｜燃料缸｜馬達發電機｜引擎

汽油

燃料費與CO₂排放量都比一般的汽油車少。只以汽油作為燃料而不必充電，所以無須變更既有的基礎設施。

空中巴士公司將於2035年前開發出氫氣客機

空中巴士公司的目標是在2035年前達成混合式客機的實用化，以氫氣為主要燃料來飛行。將傳統的引擎改良成氫氣燃料專用，並混合電力動力，志在打造出較為環保的客機。

JAL成功利用以衣物為原料製成的國產生質燃料來航行

善用10萬件衣物來飛翔吧！
JAL生質燃料航班
（挑戰以二手衣（棉質）為原料來製造生質燃料）

JAL持續進行特有燃料的開發，比如成功以衣物（棉質）來製造生質燃料等，首架國產生質燃料特殊航班已於2021年2月開始飛行。

場，表示正以2030年代中期為目標來進行評估。一般估計汽車的壽命約為15年。日本若真的有心要在2050年前達成CO₂排放量淨零的目標，勢必得在2035年前停止汽油車的銷售。

以氫氣或生質燃料來飛行的飛機

就連消耗大量化石燃料且CO₂排放量占全球2%的航空業也迫切需要變革。歐洲的大型飛機製造商空中巴士公司發表了一份計畫，預計在2035年前讓以氫氣為燃料的飛機進入實用階段。此外，目前已開始利用以廢棄物或植物等作為原料的生質燃料，日本航空與全日空也開始有航班使用生質燃料。

佔日本CO_2排放量25%的產業部門如何實現去碳化？

日本CO_2排放量最多的5種行業

其他 19%

5. 紙漿·造紙·紙加工業 5%

4. 水泥業·陶瓷工業·土石製造業 8%

3. 機械製造業 13%

2. 化學工業 15%

1. 鋼鐵業 40%

整體產業部門能源所產出的CO_2排放量為 **4億1800萬噸**

※其他細項
農林漁牧礦冶與建設業 6%
纖維 2%
食品·飲料 5%
非鐵金屬業 2%
其他 4%

來源：日本國立研究開發法人國立環境研究所「日本溫室氣體排放量數據（2016）」

為何煉鐵會排放出大量CO_2

煉鐵的素材有

鐵礦 ＋ 石灰岩

煤炭　煉焦爐

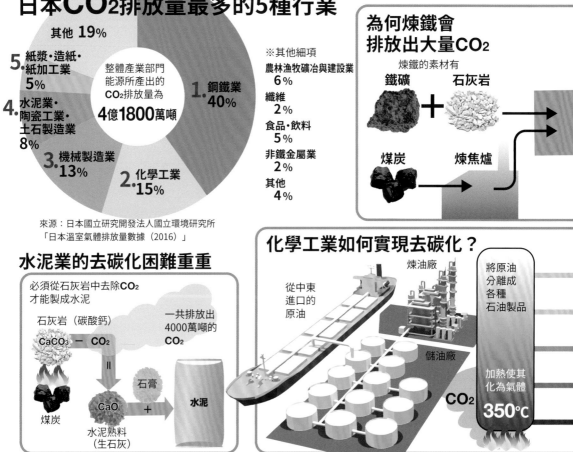

水泥業的去碳化困難重重

必須從石灰岩中去除CO_2才能製成水泥

石灰岩（碳酸鈣）

一共排放出4000萬噸的CO_2

$CaCO_3$ － CO_2 ＝

煤炭

CaO 水泥熟料（生石灰） ＋ 石膏 → 水泥

化學工業如何實現去碳化？

從中東進口的原油

煉油廠

將原油分離成各種石油製品

儲油廠

加熱使其化為氣體

CO_2 **350℃**

氫氣最能有效達成煉鐵的去碳化

日本的CO_2排放量當中，產業部門的排放量之多僅次於能源部門。尤其是製造業，大多是使用高溫的熱能，且利用廉價的化石燃料作為熱源，因此會排放出CO_2。此外，在產業領域中所使用的熱能並不會全都有效地加以利用，大多都被當作廢熱排出。因此，目前迫切需要活用這些未利用的熱能。

正如上方圖表所示，產業部門中CO_2排放量最多的，便是亦屬國家基礎產業的鋼鐵業。日本主要是使用高爐（熔礦爐）來煉鐵，與鐵礦一起燃燒焦炭（蒸烤煤炭所製成的燃料）時，會排放出大量的CO_2。為了減少這些CO_2，政府正與民間合作進行研究開發，現階段最有效的方法是使用氫氣取代焦炭來還原鐵礦。

化學工業如何實現去碳化？

產業部門中CO_2排放量第二多的便是化學工業。石腦油是許多化學製品的原料，在蒸餾分解的過程中也會排放大量的CO_2。因

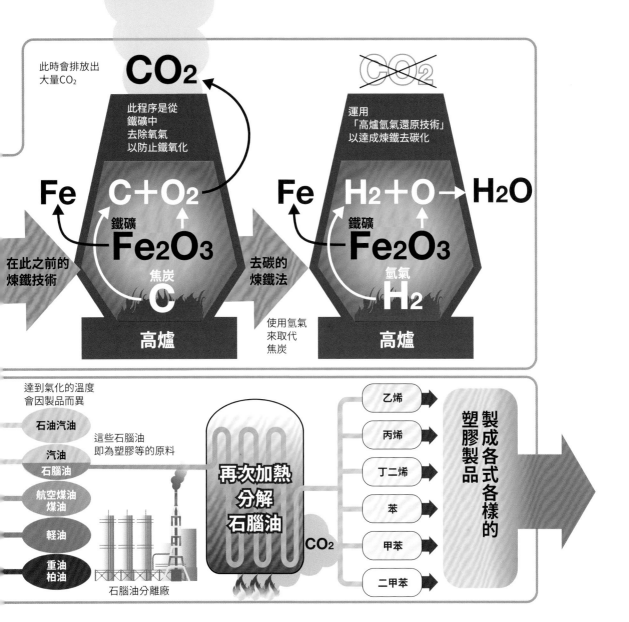

此時會排放出
大量CO_2

此程序是從
鐵礦中
去除氧氣
以防止鐵氧化

Fe　$C+O_2$

鐵礦
Fe_2O_3

焦炭
C

在此之前的
煉鐵技術

去碳的
煉鐵法

使用氫氣
來取代
焦炭

高爐

運用
「高爐氫氣還原技術」
以達成煉鐵去碳化

Fe　$H_2+O \rightarrow H_2O$

鐵礦
Fe_2O_3

氫氣
H_2

高爐

達到氧化的溫度
會因製品而異

石油汽油

汽油
石腦油

航空煤油
煤油

輕油

重油
柏油

這些石腦油
即為塑膠等的原料

石腦油分離廠

再次加熱
分解
石腦油

CO_2

乙烯

丙烯

丁二烯

苯

甲苯

二甲苯

製成各式各樣的
塑膠製品

此，目前正在評估在這方面是否也能利用氫氣或可再生能源。此外，化學物質的合成或分解等也需要用到熱能，所以用來減少這些能源用量的新技術也是必要的。近年來還開始推行化學回收，將廢棄塑膠再次作為原料來利用，不過這之中仍隱含著其他問題。至於其相關細節，就留待下一節再詳細探究。

　　水泥製造業在減碳上陷入苦戰。製造水泥時，要從原料石灰岩中製造出一種名為熟料的生石灰，在這個程序中會因為化學反應而產生CO_2。由於去碳化窒礙難行，故而

目前正在摸索將已產生的CO_2回收再利用的方法。

我們在生活中能做到的去碳化行動便是減少塑膠垃圾

我們的生活已被塑膠包圍

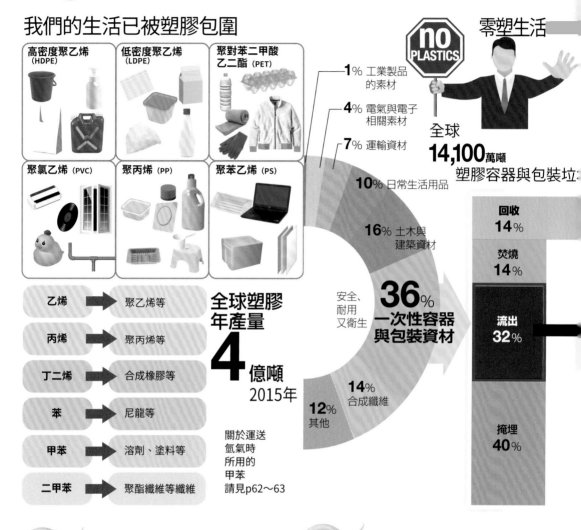

高密度聚乙烯（HDPE）

低密度聚乙烯（LDPE）

聚對苯二甲酸乙二酯（PET）

聚氯乙烯（PVC）

聚丙烯（PP）

聚苯乙烯（PS）

乙烯 ➡	聚乙烯等
丙烯 ➡	聚丙烯等
丁二烯 ➡	合成橡膠等
苯 ➡	尼龍等
甲苯 ➡	溶劑、塗料等
二甲苯 ➡	聚酯纖維等纖維

全球塑膠年產量 **4** 億噸 2015年

關於運送氫氣時所用的甲苯請見p62～63

1% 工業製品的素材

4% 電氣與電子相關素材

7% 運輸資材

10% 日常生活用品

16% 土木與建築資材

安全、耐用又衛生

36% 一次性容器與包裝資材

14% 合成纖維

12% 其他

零塑生活

全球 **14,100**萬噸 塑膠容器與包裝垃...

回收 **14**%

焚燒 **14**%

流出 **32**%

掩埋 **40**%

環境負荷高的塑膠垃圾

我們的生活中充斥著塑膠。塑膠是一種以石油人工製成的化學製品。正如上一節所示，在製造作為塑膠原料的化學物質時，過程中會排放出CO_2。不僅如此，大量生產的廉價塑膠被大量丟棄，已引發全球性的垃圾問題。我們如今已知塑膠無法自然分解，一旦流入海中，不但會對海洋生物造成不良影響，還會帶來有害物質。

選擇「不用」更勝回收

據說日本有86%的塑膠垃圾都會有效再利用。然而，實際上卻非如此。

右上的圓餅圖中標示了塑膠垃圾的回收細項。占58%的「熱能回收（Thermal Recycle）」是指燃燒垃圾，作為燃料再利用。這是日本特有的稱呼，其他國家都稱為「能源回收」，但並未將其視為一種循環回收。此外，「化學回收」是以化學方式重新利用塑膠垃圾，其中還包含作為還原劑或焦

如今世界各地對塑膠**4R**原則的意識高漲

Refuse
拒絕使用塑膠

Reduce
減量

Reuse
重複使用

Recycle
回收

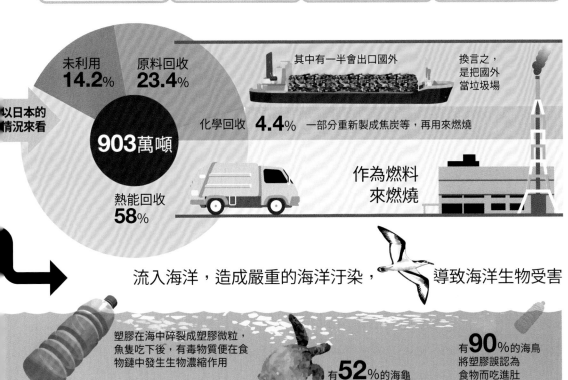

以日本的情況來看

未利用
14.2%

原料回收
23.4%

903萬噸

熱能回收
58%

其中有一半會出口國外

換言之，是把國外當垃圾場

化學回收 **4.4**% 一部分重新製成焦炭等，再用來燃燒

作為燃料來燃燒

流入海洋，造成嚴重的海洋汙染，導致海洋生物受害

塑膠在海中碎裂成塑膠微粒，魚隻吃下後，有毒物質便在食物鏈中發生生物濃縮作用

有**52**%的海龜曾吃下塑膠

有**90**%的海鳥將塑膠誤認為食物而吃進肚

炭來利用的物質，這些最終都會燒掉。換言之，大部分的塑膠垃圾都會燒掉並排放出 CO_2。

還有一種是「原料回收」，意指以物理方式將塑膠垃圾作為原料，用來製造新的塑膠製品，但此法也存在著盲點。其中大約一半都是出口至亞洲各國，而非在日本國內回收再利用。換言之，是交由其他國家處理，所以無從得知是否真的有回收再利用。

之所以會出現大量的塑膠垃圾，是因為一次性的塑膠容器與包裝正在快速增加。

除非改變這種拋棄式的生活型態，否則塑膠垃圾只會繼續增加。我們應該減少或盡可能不使用最終會變成垃圾的塑膠，這便是在家即可落實的去碳第一步。

日本可以對世界有所貢獻的去碳技術：以人工光合作用將CO₂轉化為資源

碳循環支撐著地球的生物圈，其核心在於植物的光合作用

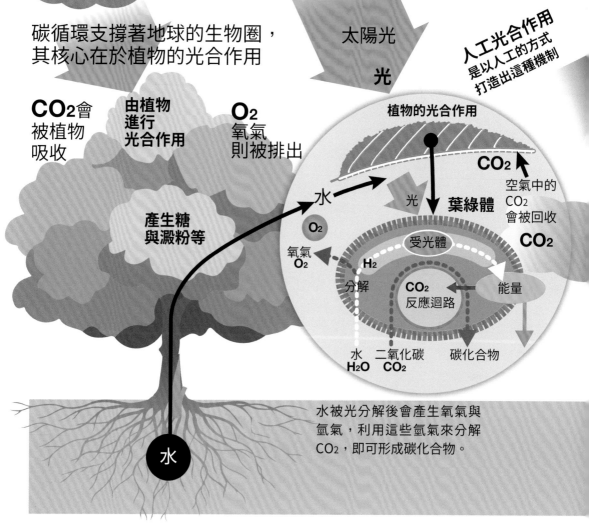

太陽光
光

人工光合作用
是以人工的方式打造出這種機制

CO₂會被植物吸收

由植物進行光合作用

O₂氧氣則被排出

產生糖與澱粉等

水

植物的光合作用

光　**葉綠體**

CO₂
空氣中的CO₂會被回收

CO₂

O₂

氧氣 O₂

受光體

H₂

分解

CO₂ 反應迴路

能量

水
H₂O　二氧化碳 CO₂　碳化合物

水被光分解後會產生氧氣與氫氣，利用這些氫氣來分解CO₂，即可形成碳化合物。

植物吸收 CO₂ 的機制

到目前為止我們看到的，都是為了避免排放CO₂所作的努力，不過還有另一種防止地球暖化的對策，即吸收已經排出的CO₂。

大氣中的CO₂之所以持續增加，其中一個原因就是，森林採伐與森林火災導致可吸收CO₂的森林減少。反過來說，只要擴充森林來增加CO₂的吸收量，也能夠達成減碳的目的。

追根究柢，森林為何會吸收CO₂呢？在此請再次回想一下p10～11所看到的碳循環。地球上是以植物所進行的光合作用為起點，持續在自然界與生物圈之間互相進行著碳的交換。植物會利用太陽的光能，將其從根部攝取的水分解成氫氣與氧氣，再運用此時獲得的氫氣與從大氣中吸收的CO₂來合成糖與澱粉，作為其營養素。換言之，CO₂對植物而言是養分的基礎，而植物密集的森林則為吸收CO₂的主要源頭。

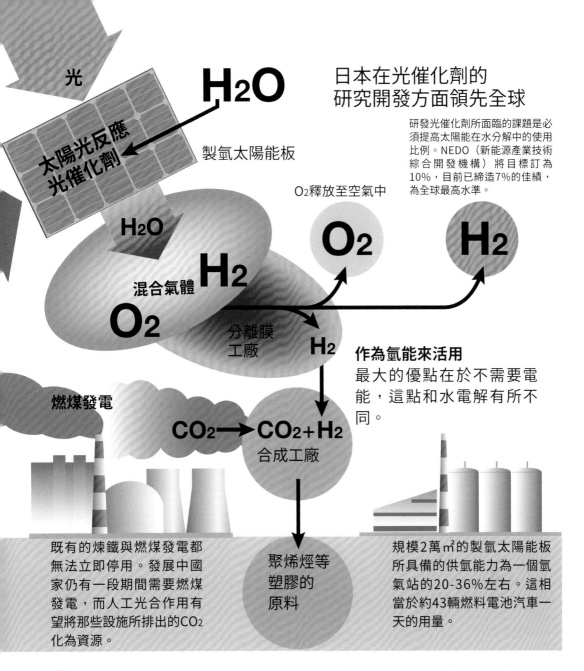

日本在光催化劑的研究開發方面領先全球

研發光催化劑所面臨的課題是必須提高太陽能在水分解中的使用比例。NEDO（新能源產業技術綜合開發機構）將目標訂為10%，目前已締造7%的佳績，為全球最高水準。

光

H_2O

太陽光反應光催化劑

製氫太陽能板

H_2O

混合氣體 H_2

O_2

分離膜工廠

O_2釋放至空氣中

O_2

H_2

H_2

作為氫能來活用
最大的優點在於不需要電能，這點和水電解有所不同。

燃煤發電

$CO_2 \rightarrow CO_2 + H_2$
合成工廠

既有的煉鐵與燃煤發電都無法立即停用。發展中國家仍有一段期間需要燃煤發電，而人工光合作用有望將那些設施所排出的CO_2化為資源。

聚烯烴等塑膠的原料

規模2萬 m^2 的製氫太陽能板所具備的供氫能力為一個氫氣站的20-36%左右。這相當於約43輛燃料電池汽車一天的用量。

透過人工光合作用將 CO_2 化為資源

目前已經開始嘗試以人工的方式重現這種光合作用，以求有效利用CO_2，此即所謂的「人工光合作用」。

日本在人工光合作用的研究上有著傲視全球的佳績。目前仍持續進行著各種研究開發，其中一個項目便是使用光催化劑，吸收光來促進化學反應。將這種光催化劑固定在如太陽能發電般的面板表面，只要照射陽光來分解水，便會產生氫氣，即可作為氫能

來使用。無需使用電能便可以提取出氫氣，這便是人工光合作用的優勢所在。甚至可以進一步讓這些氫氣與火力發電廠所排出的CO_2合成，製成塑膠的原料。如此一來，便可將CO_2作為資源來運用，還能減少使用生產塑膠時所需的化石燃料，因此被視為夢幻的技術而備受期待。

Part 4

去碳社會的生活方式 ①

要實現去碳，就必須改變現在的經濟體系

擺脫利益優先的經濟

我們在Part3已經看了各種以可再生能源為主的努力案例，不過光是這樣就能夠實

1763年
簽訂《巴黎協定》，英國實質掌握著世界霸權。英國的工業革命自此展開。

沒錯，天際無垠，企業也能無限成長。

煙霧正是企業發展的象徵。

在資本家眼前，
成長與利益本應該是無限的

1950~60年代
公害問題
使產業社會
首度受挫

最終導致2050年的問題

**地球環境的極限
便是產業社會的極限**

氣溫上升，
氣候變得異常。

靠防毒面具
已於事無補。

我們是哪個環節做錯了？

現去碳化嗎？

工業革命不僅是一次改用化石燃料的能源轉換，還帶來了資本主義這種經濟體系。坐擁金錢與公司的資本家會為了追求利益而擴大事業，一旦獲利增加，又會進一步擴展其事業。這便是資本主義的目標，令人以為經濟似乎可以無限地成長。

然而，這種以利益為優先的經濟活動導致20世紀中葉左右出現公害問題，如今則招致氣候危機。像這種因為經濟活動而對自然環境與居民等外部造成損害的情形，稱為「外部成本」。

企業一直以來都致力於提高獲利而無視外部成本。然而，為了實現去碳社會，所有的企業都必須割捨部分獲利來應對地球暖化這種外部成本。如今是時候重新審視自工業革命以來持續至今的經濟體系了。

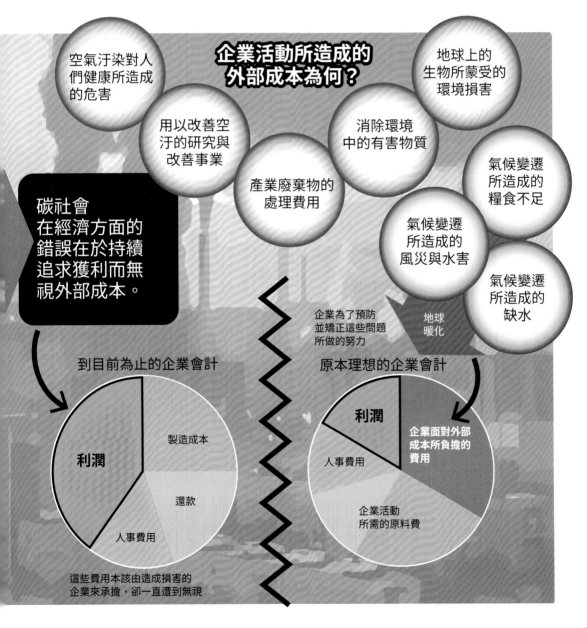

企業活動所造成的外部成本為何？

空氣汙染對人們健康所造成的危害

用以改善空汙的研究與改善事業

產業廢棄物的處理費用

消除環境中的有害物質

地球上的生物所蒙受的環境損害

氣候變遷所造成的糧食不足

氣候變遷所造成的風災與水害

氣候變遷所造成的缺水

碳社會在經濟方面的錯誤在於持續追求獲利而無視外部成本。

企業為了預防並矯正這些問題所做的努力

地球暖化

到目前為止的企業會計

利潤
製造成本
還款
人事費用

這些費用本該由造成損害的企業來承擔，卻一直遭到無視

原本理想的企業會計

利潤
企業面對外部成本所負擔的費用
人事費用
企業活動所需的原料費

「穩態經濟」這種經濟體系 意味著不成長也能享有富裕

存在許多負面因素的非經濟成長

到目前為止的經濟學都認為,以經濟成長為目標是理所當然的。然而,美國生態經濟學家戴利指出,總認為「經濟成長是好事一椿」是一種錯覺,目前的經濟已陷入「非經濟成長」的狀態。無論經濟如何成

長,如果因此排放出大量CO2而對地球環境造成損失,那麼負面影響會大於正面影響,即稱為非經濟。

以果實為例,大幅成長而枝繁葉茂的樹木上,只會結出少許果實,這便是非經濟成長。另一方面,剪去枝葉而停止成長的樹木,則會因為養分遍布而結出大量果實。像

追求擴大規模與成長的
經濟其實是一種
非經濟成長

非經濟成長

經濟成長

地球暖化
對策所需的
龐大成本

虧損

獲利

目前還無人能夠想像,到2050年為止,全球將為暖化對策支出多少金額。

這就好比枝繁葉茂
卻結不了果實的樹木一般

表面上的成長

在國內生產的
所有商品
與服務的價值

TRANSPORTATION

這樣不成長也能成立的經濟，戴利稱之為「穩態經濟」。

人類的幸福才是真正的富裕

在此之前，顯示經濟規模的GDP（國內生產毛額）一直被視為富裕的指標。然而，實際情況是，GDP愈是成長，就愈會產生環境破壞與經濟差距等問題。因此，戴利提倡GPI（真實發展指標）作為真正富裕的指標。這是從經濟活動中去除與富裕無關的負面因素，僅衡量正面因素的指標。換言之，

這種思維認為，不該只看表面上的經濟成長，而應該以人們是否能感到富足且幸福作為進步的指標。

為了實現去碳社會，我們需要的應該是一套即便不成長也能對人與地球都無害的經濟體制。

規模上停止成長
卻能結出大量果實的
蘋果樹比較好!!

可永續發展的經濟體制

可消弭全球經濟差距的經濟體制

這樣的經濟即稱為
穩態經濟

不以金錢價值來衡量幸福的經濟體制

追求品質的成長而非規模的經濟體制

轉為GPI

扣除負面的成本
- 地球暖化的對策
- 應對稀有資源枯竭的風險
- 自然環境的風險與對策
- 家庭、家人與社會問題的對策
- 核能發電與核廢料處理的風險
- 犯罪與交通事故所造成的損失
- 空氣與水環境的風險與對策
- 農地消失
- 森林與濕地消失
- 從國外借款
- 閒暇時間減少、通勤時間

加上正面的成本
- 家務
- 義工
等無法換算成金錢的價值

GDP 國內生產毛額
Gross Domestic Product

=GPI 真實發展指標
Genuine Progress Indicator

如果要以永續的經濟爲目標，已開發國家更需要實現穩態經濟

已開發國家的成長已超出地球極限

地球的生態系統所具備的處理能力有其極限。如今的經濟活動規模已經擴大至需要1.5個地球的程度，這點也成了地球暖化的原因之一。

這種局面主要是已開發國家造成的。

全球的CO_2排放量大多來自已開發國家的經濟活動，而從中受惠的也是已開發國家的人們。

下方標示的圖表比較了幾個主要國家的人均GNI（國民總所得），可以看出以歐美為主的已開發國家與亞洲、非洲、南美各國之間存在著壓倒性的經濟差距。開發中國

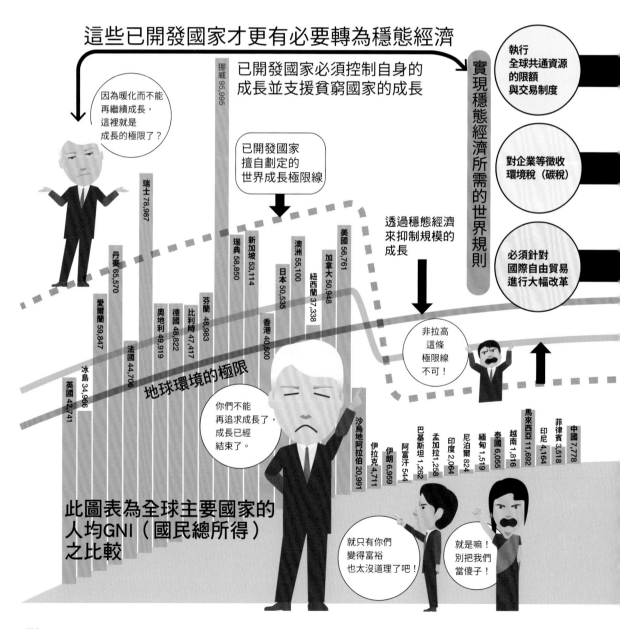

這些已開發國家才更有必要轉為穩態經濟

已開發國家必須控制自身的成長並支援貧窮國家的成長

實現穩態經濟所需的世界規則

執行全球共通資源的限額與交易制度

對企業等徵收環境稅（碳稅）

必須針對國際自由貿易進行大幅改革

因為暖化而不能再繼續成長，這裡就是成長的極限了？

已開發國家擅自劃定的世界成長極限線

透過穩態經濟來抑制規模的成長

非拉高這條極限線不可！

你們不能再追求成長了，成長已經結束了。

就只有你們變得富裕也太沒道理了吧！

就是嘛！別把我們當傻子！

地球環境的極限

挪威 95,995
瑞士 78,987
丹麥 65,570
愛爾蘭 59,847
瑞典 58,850
新加坡 53,114
澳洲 55,100
美國 56,761
加拿大 56,761
法國 44,706
德國 48,822
奧地利 49,919
比利時 47,417
芬蘭 48,983
日本 50,535
紐西蘭 37,338
香港 40,600
冰島 34,966
英國 42,741
沙烏地阿拉伯 20,991
伊拉克 4,711
伊朗 6,959
阿富汗 544
巴基斯坦 1,262
孟加拉 1,258
印度 2,064
尼泊爾 824
緬甸 1,519
泰國 6,055
越南 1,816
馬來西亞 11,692
菲律賓 3,518
印尼 4,164
中國 7,778

此圖表為全球主要國家的人均GNI（國民總所得）之比較

家大多都曾是歐洲各國的殖民地，近年來透過全球化企業的擴張而席捲市場。正是已開發國家追求成長的經濟體制造成這樣的差距。

已開發國家接下來應該做的事

為了實現去碳化社會，已開發國家的首要之務便是改變在排放CO_2中成長的經濟模式，轉為穩態經濟。與此同時，還必須支援開發中國家，使其能兼顧去碳化與經濟發展。

具體的經濟政策包括由世界各國針對地球資源的使用訂立上限並公平分配給各國、針對利用資源並排放CO_2的企業徵收環境稅，以及限制國際間的資金移動並從根本改革金融體系等等。我們下一節再繼續探究這些問題。

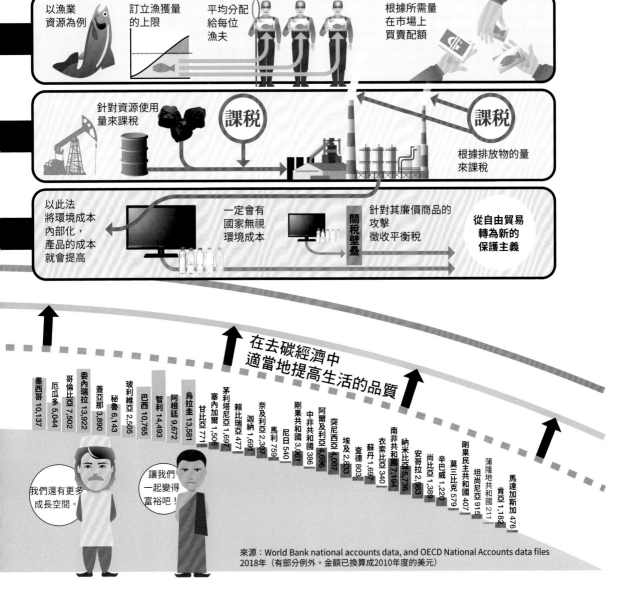

來源：World Bank national accounts data, and OECD National Accounts data files 2018年（有部分例外。金額已換算成2010年度的美元）

爲了實現去碳社會，應將社會共有資本排除在市場之外

人類共有財產的思維

日本經濟學家宇澤弘文（1928～2014年）提倡「社會共有資本」的概念，終其一生持續指出資本主義的缺陷。所謂的社會共有資本，是指應該被視為社會共有財產的資本。宇澤弘文認為，人們要過得富裕，需要

的是人類共有的財產，不應將其視為賺錢的對象。

「自然環境資本」即為社會共有資本之一。人類到目前為止的產業活動都是為了牟利而無止盡地從自然中獲取資源或破壞自然環境。結果導致空氣汙染、水質汙染與森林消失，還因排放CO₂而造成地球暖化。

在當今社會中，人類生存不可或缺的社會共有資本　已被資本主義吞噬

對環境造成負擔的
能源政策

以經濟效率
為優先的
醫療制度

造成社會差距的
教育

造成經濟差距的
金融

僅特定企業
受惠的
基礎設施整頓

追求利益的
食品產業

**在資本主義經濟中
奉行市場原教旨主義的社會**

限制市場上的自由競爭

　　這裡有一些思索去碳社會的提示。人們一直以來都是遵循「市場原教旨主義」，認為資本主義這種經濟體系，在市場中只須任其自由競爭即可調整供需，讓人們的生活變得富足。然而，這種自由競爭加速了地球暖化。為了實現去碳社會，應該有必要讓社會共有資本遠離市場並適當地進行管理。

　　宇澤弘文表示，除了自然環境之外，教育、醫療與金融等「社會制度資本」，以及電力與瓦斯等能源、上下水道、道路與交通手段等構成人們生活基礎的「社會基礎設施資本」，也應該視為公共財而非追求利益的對象。

　　關於這之中的能源事業，我們下一頁再逐一詳細地探究。

關於能源事業

為了生活與生產而存在的能源事業

為所有人提供健康人生的醫療事業

啟發人類能力的教育事業

社會的共有資本

為人類促進經濟的金融事業

為了社會生活而存在的基礎建設與行政服務事業

為了生存與健康而存在的食品產業

扎根於社會共有資本的社會

去碳化社會的能源
將從單極集中型轉為分散型

單極集中招致大停電

2018年9月，北海道膽振東部地震，導致道內的發電廠相繼停運，引發日本國內首次全區停電（電力故障）。

這場大停電導致交通號誌失能，連大眾交通工具也停止運行。抽水馬達停止動作的集合住宅則連自來水與廁所都無法使用。物流遭到延誤而導致商店陷入缺貨狀態，汽車社會必備的汽油也不足。對各產業造成嚴重的打擊。

長達2天的電力故障暴露出單極集中於大規模發電廠的能源系統有多麼脆弱。

能源供應為單極集中型的社會

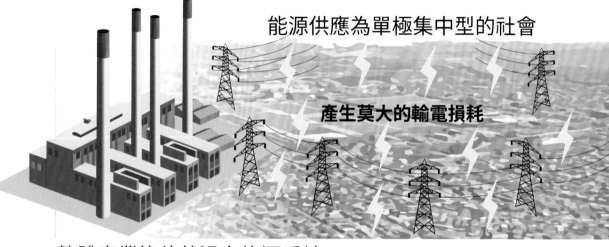

產生莫大的輸電損耗

整體產業皆仿效這套能源系統

進口石油　巨大煉油設施　石油化學工業　TRANSPORTATION　分送至全國各地　商店
石油配送　大量生產　送往全國　大量消費　加油站

食品產業亦然，以醃漬品的情況為例

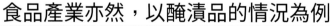

大量進口原料　用塑膠來包裝材料與醃漬汁液　分送至全國各地　以一次性塑膠包裝的醃漬物陳列於店裡販售
大量生產　TRANSPORTATION　全國物流網
產品在配送中完成醃漬　擺上我們的餐桌

改以可再生能源來供應地區電力

單極集中型的電力供給不僅會在問題發生時造成重大損害，由於電力都必須經過好幾座變電所等才能傳到遠處，在傳輸的過程中就會產生輸電損耗。以日本來說，約為電力消耗量的3.4%，相當於7座火力發電廠的電力在使用前就已經流失。

世界各地如今不再依賴大規模的發電廠，而是聚焦於在各別地區發電的分散型能源。太陽能、風力與中小型水力等，皆為適合特定區域的可再生能源，可作為小規模電力而備受期待。只要落實電力地產地銷，輸電損耗就會減少，還可以創造地區就業機會而有活化地區之效。

不僅限於能源，現今整個產業結構已形成一個單極集中型的龐大系統，且因大量生產而持續排放CO_2。如果要實現去碳社會，從單極集中型轉為分散型的改變勢在必行。

去碳與分散型能源事業的概念圖

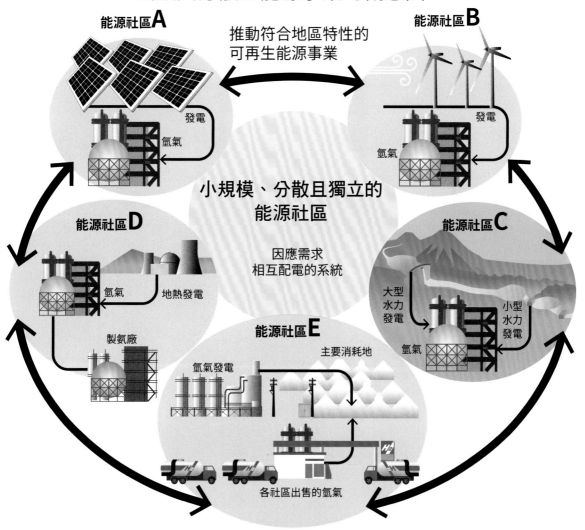

推動符合地區特性的可再生能源事業

能源社區A　發電　氫氣

能源社區B　發電　氫氣

小規模、分散且獨立的能源社區

因應需求相互配電的系統

能源社區D　氫氣　地熱發電　製氨廠

能源社區C　大型水力發電　小型水力發電　氫氣

能源社區E　主要消耗地　氫氣發電　各社區出售的氫氣

能源也是奠基於地產地銷

日本「農協」所具備的去碳社區之潛能

回歸互助原點的好時機

日本的「農協（農業協同組合）」成立於戰後不久的1948年，是由經土地改革所催生出的420萬戶新農家所組成。經過70餘年後，如今的「農協」在型態上有了很大的變化，已經發展成一個擁有1,049萬名會員、20萬名員工，且可用資產達104兆日圓的龐大組織。

這個「農協」目前正面臨一大困境，即完成讓農家富裕的使命後，迷失了下一個目標。會員之間彼此互助的這些原始任務也隨著農業生產的減少與會員的高齡化而縮減。然而，要維持如此臃腫的組織就需要獲

關於日本的龐大組織「農協」

人數取自2018年度的資料

會員數	**1,049**萬人
正式會員	**425**萬人
準會員	**624**萬人
農協員工	**20**萬人

信貸事業 （2020年3月底）

存款餘額 **104**兆**1148**億日圓

始於會員間借貸資金的一種金融服務，是由統稱為JA Bank的JA、JA信連與農林中央金庫所構成，規模已經接近巨型銀行。

互助事業 （2019年度）

資產淨值 **57**兆**1883**億日圓

貸款 **50**兆**6577**億日圓

以會員間的互助為目的而啟動，承辦人壽保險、各種損害保險與車輛保險等業務，還提供災害復興支援與災害對策服務。

經濟事業 （2018年度）

銷售額 **4**兆**5925**億日圓

農協原本的業務便是收購並販賣會員的產品，以及向農家販售務農或生產的材料。也有經營A-COOP等生活相關事業。

農協面臨的問題

準會員是指非農業從業者。「農協」已經不僅限於農家了。

據說農協的目的已經變質，成了為維持這種龐大人員組織而存在的事業體。

「農協」的主要事業是靠這類金融事業來支撐。然而，如今已減少日本國內農業相關事業的融資，轉而透過各種國內外金融商品來運用資產，成為其主要的營利來源。農林中央金庫還投資了美國債券，成為大規模機構投資者之一。

互助事業也是支撐「農協」的營利事業。農協員工必須積極銷售JA互助商品，在各種媒體上的盛大宣傳也蔚為話題。

據說原本的農業事業連連虧損而對「農協」的經營造成壓力，可是聯合採購與聯合出貨是農協存立的理念。

利，於是持續將龐大的資產投入金融市場。如今的「農協」已經出現組織上的矛盾。

然而，全球產業社會的快速去碳化，可說是為這個組織提供了一次起死回生的機會——這個龐大的組織是奠基於農村與山村而非都市，且擁有20萬名當地員工與豐厚的投資資金，此次機會讓他們得以在其各自地區公會的基礎上，以去碳化社會事業體之姿重新登場。昔日日本的農村與山村尚未實現電氣化時，人們是彼此出資組成公會，導入小規模的水力發電來達到電力的自給自足。「農協」是時候回歸其原點了。

「農協」若能作為日本山區與農村地區能源自給自足的主力來運作，並以其為核心形成一個獨立的農村經濟社區，不也是一種日本特有去碳社會的解方嗎？

如果這個組織能在去碳社會社區的
電力事業中發揮核心作用，

便可確保一群忠實的用戶，
成為「農協」的新業務，
使其成為當地可靠的金融支援事業。

催生出
「農協」
在日本的
新任務

社區能源供應公會

太陽能發電廠
小型水力發電廠
燃氫發電廠
生物質發電廠

河川
森林
里山
牧草地‧未墾地
耕地

JA對
當地利害的
調整能力
為其後盾

汙水處理場
農業技術研究所
食品開發中心
圖書館
AI系統開發中心
智能農業管理中心
行政中心
劇場
社區中心
教育機構
社區自動化移動管理中心
醫療機構
AI農場管理中心
社區金融機構

「地產地銷」的經濟可孕育出富足的社會

回饋當地的經濟

每當討論以「地產地銷」來實現去碳化社會所期望的理想經濟時，一定會出現這樣的反駁：這種方式會限縮經濟活動，最終導致人們變窮，任誰都不願接受會讓人變窮的經濟。實際上真的是這樣嗎？

這裡試著以日本的麵包烘焙業界為例。以世界的角度來看，這個業界正處於一種特殊的狀況，即1家巨型麵包烘焙企業的市占率高達約90%。這是以在地的烘焙坊為主流的歐美各國難以想像的狀態。然而，如果繼續探討前面提到的議論，應該會讚賞這家公司是勞動生產率很高的企業，畢竟是以

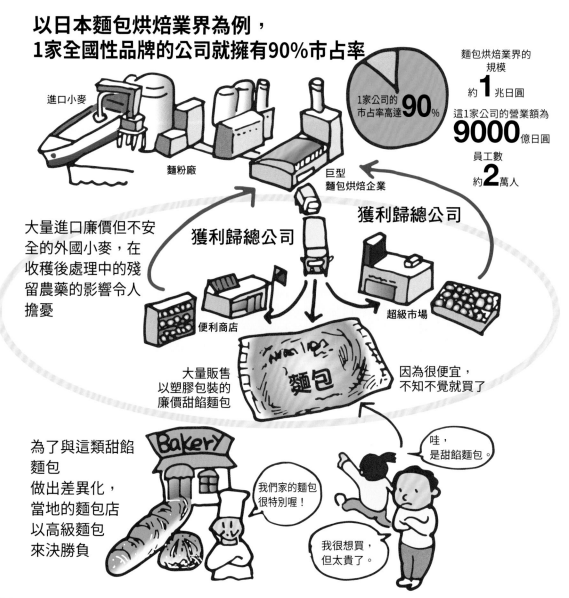

以日本麵包烘焙業界為例，1家全國性品牌的公司就擁有90%市占率

進口小麥

麵粉廠

巨型麵包烘焙企業

1家公司的市占率高達 **90**%

麵包烘焙業界的規模
約 **1** 兆日圓

這1家公司的營業額為
9000 億日圓

員工數
約 **2** 萬人

獲利歸總公司

獲利歸總公司

大量進口廉價但不安全的外國小麥，在收穫後處理中的殘留農藥的影響令人擔憂

便利商店

超級市場

大量販售以塑膠包裝的廉價甜餡麵包

麵包

因為很便宜，不知不覺就買了

為了與這類甜餡麵包做出差異化，當地的麵包店以高級麵包來決勝負

Bakery

我們家的麵包很特別喔！

哇，是甜餡麵包。

我很想買，但太貴了。

2萬名員工賺進約9,000億日圓。

那麼我們試著思考一下讓麵包徹底地產地銷的情況。假設一個人口10萬人的都市中出現80家新的麵包店。這些新開的麵包店都使用當地的小麥與酵母來烘烤麵包。為此，不光是栽培小麥的農家，還需要將這些小麥磨成粉的麵粉廠與用來烘焙麵包的烤爐製造商。小麥以外的材料也都採購當地產品，麵包店則須雇用4名兼職店員。

如此一來，便會以麵包店為中心，帶動全新的經濟活動。重要的是，當地人能以實惠的價格吃到使用安全原料製成的美味麵包，他們所支付的錢都是由當地人獲利，而那些錢又會衍生出下一種需求。對人類而言，這樣的模式和吃著大量生產的麵包，哪一種才稱得上是富足的生活呢？

當這些轉為「地產地銷」（穩態經濟的基礎）的麵包市場⋯⋯

因為有需求，當地農家便會開始生產小麥

在鎮上興建麵粉廠

開店提供製作麵包的機械設備與材料

為了當地消費者而栽培安全的小麥

小型麵包烤爐的產量也增加

假設一個人口10萬人的城鎮中出現80家零售的烘焙坊

假如10萬人口中有25000戶家庭，其中一半每週購買2次700日圓的麵包，那麼這個都市將會孕育出一個每年營業額超過**9億日圓**的新興產業

BAKERY
小鎮麵包店

兼職人員

假設1間麵包店雇用4名兼職或員工，便會為該鎮創造320個新的就業機會

若將其擴大至全日本，數量將高達40萬人

真開心能以實惠的價格買到安全又美味的麵包！

這些營業額都成了當地人的收入，將會帶動當地的經濟

為了簡化案例的結構，這些數字和實際情況會有所不同。

去碳化社會的生活新常識：
凡事皆可從現在開始做起

🌀 從省電、省水與垃圾減量著手

為了在2050年前實現去碳化社會，我們應該做些什麼才好呢？

日本的CO_2排放量中，有4.6%是來自家庭。其中一半以上是源自於使用透過化石燃料發電所產生的電力。此外，在家中丟垃圾或使用自來水，都會分別於垃圾處理場與汙水處理場間接排放出CO_2。

為了盡可能減少這些碳排量，我們能做的首要之務便是省電、省水，以及垃圾減量。下方插圖標示了一些具體例子。

盡可能不搭飛機

遠距離移動則駕駛EV車

上下班或上下學搭乘大眾交通工具

稍遠之處騎自行車

基本上都步行

移動

致力於去碳的企業

購買這類企業的商品表達支持

名牌商品可進行升級再造

購買致力於開發回收產品的品牌

到二手商店購買日常衣物

購物

去碳社會的生活方式

會投資考量到環境的企業的金融機構為首選

自製乾糧

嘗試自己耕田

食物

購物時自備袋子

盡量不買塑膠產品

減少吃肉的機會

避免吃進口牛肉

避免購買碳足跡高的牛肉，因牛隻打嗝時會產生甲烷等

避免購買使用一次性塑膠包裝的商品

避免購買以氯氟烴為冷媒的冷凍食品

廚餘用來堆肥

食品以地產地銷為原則

在當地菜市場購買

減少碳足跡

「碳足跡（Carbon footprint）」是我們必須先了解的概念。任何產品從材料採購、生產、運輸、銷售、使用到廢棄為止的各個程序中，都會排放出溫室氣體，其總和即為「碳足跡」。舉例來說，當地採收的蔬菜，碳足跡數值會比從遠方空運而來的蔬菜還低。牛肉與乳製品會因為牛隻反芻而大量排出甲烷等溫室氣體，飼育時也需要大量能源，是碳足跡最高的食品。因此歐美如今都鼓勵減少肉食的飲食生活。

在此介紹的做法難度都不會很高。此外，致力於去碳也不代表要忍受些什麼。為了迎接不燃燒碳的全新社會，我們本身必須創造可持續維持的新生活常識。

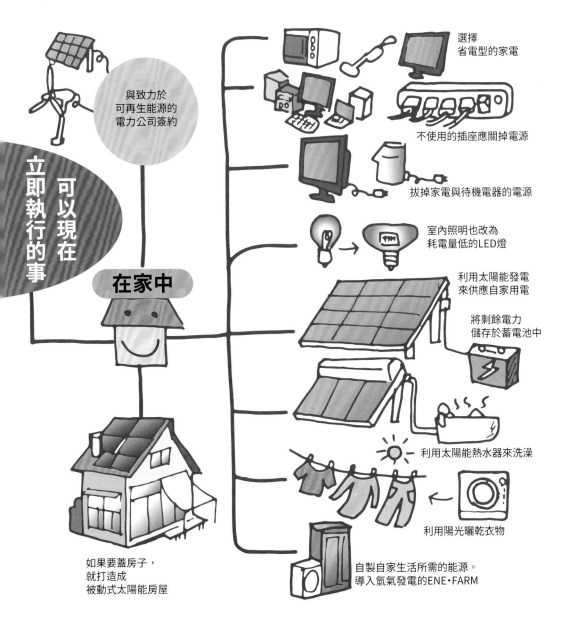

立即執行的事　可以現在

與致力於可再生能源的電力公司簽約

在家中

選擇省電型的家電

不使用的插座應關掉電源

拔掉家電與待機電器的電源

室內照明也改為耗電量低的LED燈

利用太陽能發電來供應自家用電

將剩餘電力儲存於蓄電池中

利用太陽能熱水器來洗澡

利用陽光曬乾衣物

自製自家生活所需的能源。導入氫氣發電的ENE‧FARM

如果要蓋房子，就打造成被動式太陽能房屋

即將來臨的去碳化社會
不需要核能發電

　　「我們必須在2050年前達成溫室氣體排放量淨零的目標」，菅內閣於2020年10月突然宣布了這樣的去碳化政策，對各產業造成莫大的衝擊。這是因為在此之前的安倍內閣對去碳化態度冷淡，並持續推動以燃煤發電為前提的能源政策，就已開發國家來說，其燃煤發電在電源構成中所占的比例異常地高。

　　地球暖化是不爭的事實，世界各國已經為了因應暖化而在去碳化的道路上邁進。CO_2排放量位居世界第5的日本也終於發表了淨零宣言，不過直至2021年4月為止都還沒宣布具體的能源政策。這時開始有人要求重啟自2011年福島第一核電廠事故以來就停運的核能發電，他們主張不會排放CO_2的核能是去碳社會不可或缺的乾淨能源。

　　本書在考察構成去碳社會的能源時，並未採納這項主張，其主要原因有三。

　　第一是因為核電並不具備經濟的合理性。從開採核原料到發電廠的建設、運作、除役以及耗費長年處理用畢的核廢料，估算這些經費就會發現，其成本效益還遠不如目前的太陽能發電。

　　第二是因為核電極其危險。我們深知福島核電廠事故及其受害人們持續至今的苦難，這點不言自明。

　　第三則是因為核電與人類能源轉換的過程背道而馳。透過熱能使水沸騰，再以從中取得的蒸氣來轉動渦輪機，自19世紀以來都是採用這樣的發電方式。核電只是將熱源從煤炭改為核燃料罷了。相對於可持續將光或風這類自然界中的能源直接轉換成電力的發電方式，核電可說是典型招致地球暖化的舊世代產業思維。

　　核電是上一代誤入歧途，下一代沒道理非要走上這條歧途。本書中已經展示了目前正在發生的能源轉換並不只是能源生產的問題，而是要改變使用能源的社會與產業結構——從集中轉為分散，從巨型企業的社會轉為社區互助合作的社會。要過渡至這樣的去碳社會想必會花很長一段時間。這般充滿戲劇性又刺激的過渡時期，正是肩負下一代的每位讀者將要生存的時代。

参考文献

《エネルギー400年史 薪から石炭、石油、原子力、再生可能エネルギーまで》（リチャード・ローズ著、草思社刊）

《カリフォルニア大学バークレー校特別講義 エネルギー問題入門》（リチャード・ムラー著、楽工社刊）

《2030年の世界地図帳》（落合陽一著、SBクリエイティブ刊）

《データでわかる 世界と日本のエネルギー大転換》（レスター・R・ブラウン、枝廣淳子著、岩波書店刊）

《図説 火と人間の歴史》（スティーヴン・J・パイン著、原書房刊）

《森と文明の物語 環境考古学は語る》（安田喜憲著、筑摩書房刊）

《人類一万年の文明論 環境考古学からの警鐘》（安田喜憲著、東洋経済新報社刊）

《エネルギー産業の2050年 Utility3.0へのゲームチェンジ 》
（竹内純子編著、伊藤剛、岡本浩、戸田直樹著、日経BP刊）

《日本の国家戦略「水素エネルギー」で飛躍するビジネス》（西脇文男著、東洋経済新報社刊）

《小水力発電が地域を救う 日本を明るくする広大なフロンティア》（中島大著、東洋経済新報社刊）

《経済学は人びとを幸福にできるか》（宇沢弘文著、東洋経済新報社刊）

《社会的共通資本》（宇沢弘文著、岩波書店刊）

《自動車の社会的費用》（宇沢弘文著、岩波書店刊）

《地球温暖化を考える》（宇沢弘文著、岩波書店刊）

《持続可能な発展の経済学》（ハーマン・E・デイリー著、みすず書房刊）

《「定常経済」は可能だ！》（ハーマン・デイリー著、枝廣淳子 聞き手、岩波書店刊）

《「農」に還る時代 いま日本が選択すべき道》（小島慶三著、ダイヤモンド社刊）

《「脱炭素化」はとまらない！未来を描くビジネスのヒント》（江田健二、阪口幸雄、松本真由美著、成山堂書店刊）

《「再エネ大国 日本」への挑戦》（山口豊＋スーパーJチャンネル土曜取材班著、山と溪谷社刊）

《週刊東洋経済2019年5月18日号 脱炭素時代に生き残る会社》（東洋経済新報社刊）

《週刊東洋経済2020年8月1日号 脱炭素待ったなし》（東洋経済新報社）

《季刊環境ビジネス2019年夏号 2050脱炭素社会へのゲームチェンジ》（日本ビジネス出版刊）

《月刊ウェッジ2020年12月号 脱炭素とエネルギー 日本の突破口を示そう》（ウェッジ刊）

《季刊地域2011年秋号 いまこそ農村力発電》（農文協刊）

参考網站

IPCC ● https://archive.ipcc.ch/
国際連合広報センター ● https://www.unic.or.jp/
全国地球温暖化防止活動推進センター
　　　　　　● https://www.jccca.org/
経済産業省資源エネルギー庁
　　　　　　● https://www.enecho.meti.go.jp
NEDO（国立研究開発法人新エネルギー・産業技術総合開発機構）
　　　　　　● https://www.nedo.go.jp
電気事業連合会 ● https://www.fepc.or.jp/index.html
国立研究開発法人科学技術振興機構
　　　　　　● https://www.jst.go.jp/seika/index.html
国際環境経済研究所 ● https://ieei.or.jp
東洋経済 ONLINE ● https://toyokeizai.net
WIRED ● https://wired.jp/nature/
世界経済フォーラム ● https://jp.weforum.org
スマートジャパン ● https://www.itmedia.co.jp/smartjapan
Tech Factory ● https://wp.techfactory.itmedia.co.jp
THE WORLD BANK ● https://www.worldbank.org
IEA（国際エネルギー機関）● https://www.iea.org/
Science Portal ● https://scienceportal.jst.go.jp
現代ビジネス ● https://gendai.ismedia.jp
WEDGE Infinity ● https://wedge.ismedia.jp
Response ● https://response.jp
AFP BB News ● https://www.afpbb.com/articles/

ChuoOnline ● https://yab.yomiuri.co.jp/adv/chuo/
Record China ● https://www.recordchina.co.jp
週刊エコノミスト Online ● https://weekly-economist.mainichi.jp
ニュースイッチ ● https://newswitch.jp
キヤノンサイエンスラボ・キッズ
　　　　　　● https://global.canon/ja/technology/kids/
東京油問屋市場 ● https://www.abura.gr.jp/
中央大学 「知の回廊」 ● https://www.chuo-u.ac.jp/usr/kairou/
Sustainable Japan ● https://sustainablejapan.jp
経済産業省 METI Journal ● https://meti-journal.jp
GLOBAL NOTE ● https://www.globalnote.jp
AMUSING PLANET ● https://www.amusingplanet.com/
日本地熱協会 ● https://www.chinetsukyokai.com/
地熱資源情報 ● https://geothermal.jogmec.go.jp
みるみるわかる Energy ● https://www.sbenergy.jp/
EMIRA ● https://emira-t.jp
日刊自動車新聞電子版 ● https://www.netdenjd.com
ITmedia ビジネス ONLiNE ● https://www.itmedia.co.jp/business/
読売新聞オンライン ● https://www.yomiuri.co.jp/
Bloomberg ● https://about.bloomberg.co.jp
株式会社三菱総合研究所 ● https://www.mri.co.jp
VentureTimes ● https://venturetimes.jp
環境ビジネスオンライン ● https://www.kankyo-business.jp

索 引

跨越國境的塑膠與環境問題：
為下一代打造去塑化地球
我們需要做的事！
作者：InfoVisual研究所／定價：380元

海龜等生物誤食塑膠製品的新聞怵目驚心，世界各國皆因塑膠回收、處理問題而面臨困境，聯合國「永續發展目標（SDGs：Sustainable Development Goals）」
其中一項目標就是「在2030年前大幅減少廢棄物的製造」。
然而，回到實際生活，狀況又是如何呢？
塑膠被拋棄造成的環境問題，
目前已有1億5000萬噸的塑膠累積在大海上。
我們現在要開始做的事：真正地認識塑膠、了解世界現狀、逐步邁向脫塑生活。重新審視塑膠與環境問題，
打開眼界學習「未來的新常識」！

SDGs
系列講堂

全球氣候變遷：
從氣候異常到永續發展目標，
謀求未來世代的出路
作者：InfoVisual研究所／定價：380元

氣候變遷不再是遙不可及的問題。
為了有更多生存的選擇，全民必上的地球素養課！
剖析現今正在全球發生的現象及導因，在困境中尋找邁往未來的轉機。
氣候變遷是一個龐大的難題，以至於連聯合國都將其列為「永續發展目標(SDGs)」之一。追根究柢，氣候究竟是什麼？如今正如何持續變化？還有，人類面對氣候變遷又能夠做些什麼呢？讓我們一探究竟吧。

SDGs超入門：
60分鐘讀懂聯合國永續發展目標
帶來的新商機
作者：Bound、功能聰子、佐藤寬／定價：380元

60分鐘完全掌握！
SDGs永續發展目標超入門！
什麼是SDGs？為什麼它會受到聯合國關注，成為全世界共同努力的目標？這個「全球新規則」會為商場帶來哪些全新常識？為什麼企業應該投入SDGs？
哪些領域將因此獲得商機？投資方式和經營策略又應該如何做調整？本書則利用全彩圖解淺顯易懂地解說這個龐大而複雜的問題。

動物的滅絕與進化圖鑑：
讓人出乎意料的動物演化史
作者：川崎悟司／定價：400元

長脖子的長頸鹿、回到大海的鯨魚、長鼻子的大
象、背著營養槽的駱駝、把牙齒當作武器的貓、
變成鳥類的恐龍、
4億年間幾乎沒有改變的鯊魚……！
為什麼動物們這樣進化，那樣滅絕？
進化與滅絕的動物相比，到底有哪裡不同？
從哺乳類到鳥類、爬蟲類、兩棲類、魚類，
一本統整脊椎動物的進化史！

地球
大小事！

氣象術語事典：
全方位解析天氣預報等最尖端的
氣象學知識
作者：筆保弘德等／定價：380元

所謂的生活氣象，就是與我們的日常生活最息息相關的氣象。譬如「熱
傷害」和「流感的流行」，以及近年關注度迅速攀升的「PM2.5」等等，全
面檢視人類與氣候，各種常在新聞中出現的關鍵字，在本書中你都可以
一一獲得解答！
本書用最淺顯易懂的方式，介紹這些正受到社會關注，又或是未來可能
將會受到關注的天氣術語，以及針對該領域當前最新的情報。本書以電
視新聞上出現的術語為主軸。內容也同樣集結了活躍於氣象學和天氣預
報研究領域的九位氣象專家，為讀者們解說最尖端的知識和理論。

人類滅絕後：
未來地球的假想動物圖鑑
作者：Dougal Dixon／定價：480元

人類滅絕後——將會由哪一種動物統治地球呢？
距離現在5000萬年後的地球，昂首闊步於陸地上的
會是何種生物呢？
雖然無法親眼看到，但根據演化的法則是可以推測
出來的。
跟著作者一起踏入5000萬年後的地球，觀察看看有
那些生物吧！
說不定你想像中的生物也會出現喔！
透過經嚴謹考證的幻想圖鑑啟發孩子的想像力！

[日文版 STAFF]

企劃・結構・執筆	大嶋 賢洋
	豐田 菜穗子
插畫・圖版製作	高田 寬務
插畫	二都呂 太郎
DTP	玉地 玲子
校對	鷗来堂

ZUKAI DE WAKARU 14SAI KARA NO DATSU TANSO SHAKAI
© Info Visual Laboratory 2021
Originally published in Japan in 2021 by OHTA PUBLISHING COMPANY, TOKYO.
Traditional Chinese translation rights arranged with OHTA PUBLISHING COMPANY .,
TOKYO, through TOHAN CORPORATION, TOKYO.

去碳化社會

從低碳到脫碳，尋求乾淨能源打造綠色永續環境

2022 年 6 月 1 日初版第一刷發行

著　　者	InfoVisual 研究所
譯　　者	童小芳
編　　輯	吳元晴
發 行 人	南部裕
發 行 所	台灣東販股份有限公司
	＜地址＞台北市南京東路 4 段 130 號 2F-1
	＜網址＞ http://www.tohan.com.tw
法律顧問	蕭雄淋律師
香港發行	萬里機構出版有限公司
	＜地址＞香港北角英皇道 499 號北角工業大廈 20 樓
	＜電話＞（852）2564-7511
	＜傳真＞（852）2565-5539
	＜電郵＞ info@wanlibk.com
	＜網址＞ http://www.wanlibk.com
	http://www.facebook.com/wanlibk
香港經銷	香港聯合書刊物流有限公司
	＜地址＞香港荃灣德士古道 220-248 號
	荃灣工業中心 16 樓
	＜電話＞（852）2150-2100
	＜傳真＞（852）2407-3062
	＜電郵＞ info@suplogistics.com.hk
	＜網址＞ http://www.suplogistics.com.hk

TOHAN